starkeSeiten 5/6

Medienbildung

Autorinnen:
Hannah Bunke-Emden
Kristin Narr

Unter Mitarbeit von Hanna König

Ernst Klett Verlag
Stuttgart · Leipzig · Dortmund

Inhalt

1

A1

Grundlagen digitaler Medienarbeit

Merle, Samir und der Laptop

Bearbeite erst das Grundlagenkapitel auf den nächsten Seiten. Manches davon kennst du vielleicht schon. Danach kannst du mit den Aufgaben in den weiteren Kapiteln weitermachen.

Überlege einmal ...

- Wie gut kennst du dich schon mit Computern und dem Internet aus?
- Wofür nutzt du den Computer und das Internet viel?
- Wozu möchtest du noch mehr lernen?

Ich werde ...

- lernen, wie ich gut mit digitalen Geräten umgehe.
- das EVA-Prinzip kennenlernen.
- erfahren, wie ein Computerdesktop aussieht.
- lernen, wie ich einen Computer und das Internet benutze.

Wie gehe ich mit digitalen Geräten um?

1 Regeln für den Umgang mit der Technik an Merles und Samirs Schule

1 Überlegt euch gemeinsam Regeln, die für die Technik in eurer Schule gelten sollen.
Schreibt die Regeln zusammen auf ein großes Plakat.
Wenn es bereits Regeln an eurer Schule gibt, schaut euch diese an und überlegt, ob sie überarbeitet werden sollen.

Was bedeutet EVA?

1 Das EVA-Prinzip

Der Computer hat verschiedene Teile. Mit der Maus oder dem Touchpad kannst du navigieren und klicken. Mit der Tastatur gibst du Buchstaben ein und schreibst. Aber damit du die Buchstaben auf dem Bildschirm auch sehen kannst, muss der Computer deine Eingabe verarbeiten.
Wenn du also die Taste P drückst, versteht der Computer das als Befehl „schreibe auf dem Bildschirm den Buchstaben P“. Er verarbeitet den Befehl und sorgt dafür, dass auf dem Bildschirm der Buchstabe angezeigt wird. Die Tastatur ist also das Eingabegerät. Die Verarbeitung findet im Computer statt. Und der Bildschirm ist das Ausgabegerät.

A2 🔈 **1** Kannst du die Geräte zuordnen? Beschrifte jedes Eingabegerät mit einem E und jedes Ausgabegerät mit einem A.

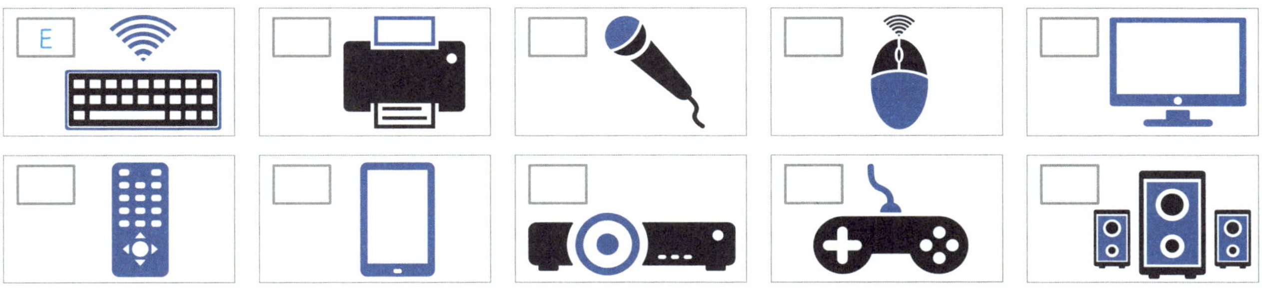

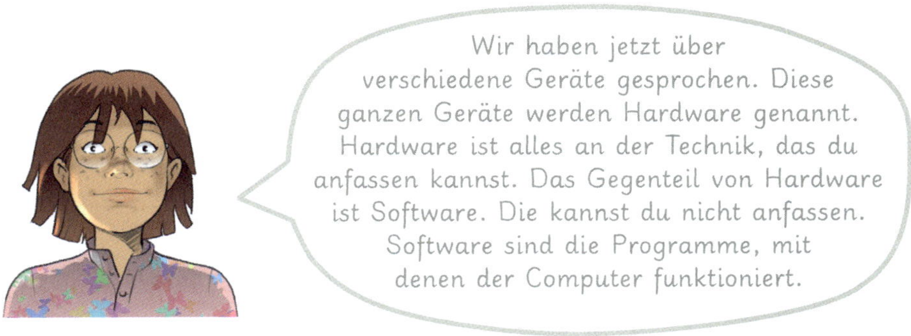

Wie melde ich mich im Schulnetzwerk an?

1 Merle und Samir melden sich im Schulnetzwerk an.

1

a) Beschreibe, wie die Anmeldung im Schulnetzwerk deiner Schule funktioniert. Meldest du dich mit deinem persönlichen Zugang an oder gibt es einen gemeinsamen Zugang, den alle Schülerinnen und Schüler nutzen?

b) Führe die Anmeldung durch.

Welche Funktionen gibt es auf dem Desktop?

1 Beispiel für einen Desktop

1 Ordne die Bestandteile, Funktionen und Programme ihren Symbolen auf dem Desktop zu. Schreibe dafür die Zahlen neben die passenden Symbole in der Abbildung.

- **1** – Die **Statusanzeige** teilt dir Informationen zur Akkuladung oder der aktuellen Internetverbindung mit. Sie befindet sich meistens unten am Bildschirm.
- **2** – Im **Menü** findest du **Schaltflächen zum Anmelden, Neustarten oder Herunterfahren** des Computers. Um das Menü zu öffnen, musst du bei Apple-Computern in der oberen Leiste auf das Apfelsymbol und bei Windows-Computern in der unteren Leiste auf das Fenster-Symbol klicken.
- **3** – In der **Taskleiste** werden Programme, die häufig gebraucht werden oder gerade geöffnet sind, angezeigt.
- **4** – Mit dem **Browser** kommst du ins Internet.
- **5** – Mit **E-Mail-Programmen** kannst du E-Mails schreiben und empfangen.
- **6** – Mit **Videokonferenzsystemen** kannst du dich per Video mit anderen Personen zusammenschalten und mit ihnen sprechen.
- **7** – Mit **Präsentationsprogrammen** kannst du eine Präsentation erstellen.
- **8** – Mit **Tabellenkalkulationsprogrammen** kannst du übersichtliche Tabellen erstellen.
- **9** – Mit **Video- oder Bildbearbeitungsprogrammen** kannst du Bilder und Videos bearbeiten.
- **10** – Mit **Textverarbeitungsprogrammen** kannst du Texte schreiben.
- **11** – Du kannst auch **Dateien** wie Texte oder Bilder auf deinem Desktop speichern und ablegen.

2 Hast du einen Laptop oder ein Tablet in deiner Nähe? Schau mal auf deinen Desktop und prüfe, welche Programme und Dateien dort liegen.

Wie arbeite ich mit einem Textverarbeitungsprogramm?

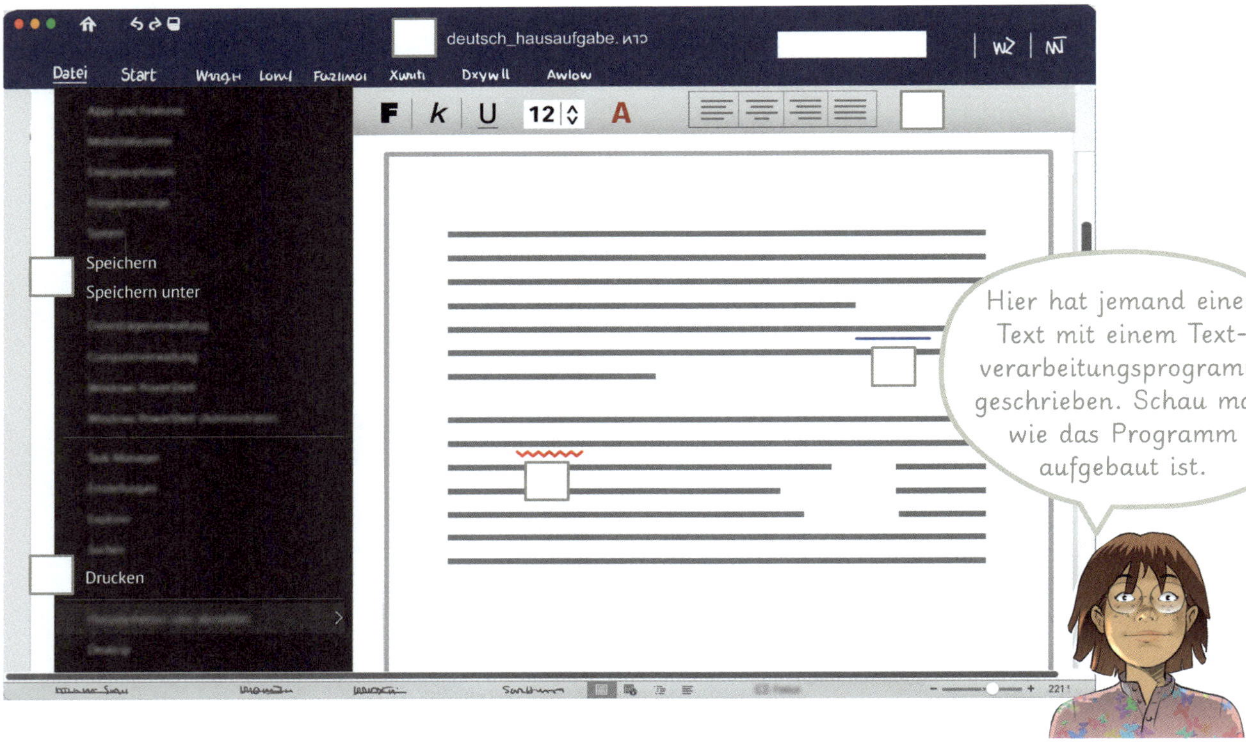

1 Die wichtigsten Funktionen eines Textverarbeitungsprogramms

1 Ordne die Bestandteile und Funktionen dem Textverarbeitungsprogramm zu. Schreibe dafür die Zahlen an die passende Stelle in der Abbildung.

1 – Hier steht der **Name** des Dokuments.
2 – Hier findest du das Menü mit einer Übersicht vieler Funktionen. Du kannst z. B. die Schriftfarbe oder die Schriftgröße ändern. Markiere dafür den Text, den du verändern willst, und wähle aus der **Symbolleiste** aus, was du ändern möchtest.
3 – Hier wählst du aus, unter welchem Namen und in welchem Ordner dein Dokument **gespeichert** werden soll.
4 – Hier kannst du das Dokument **ausdrucken**.
5 – Wenn das Programm ein Wort nicht kennt oder du ein Wort falsch geschrieben hast, wird es **rot unterstrichen**. Mit einem Rechtsklick auf das unterstrichene Wort kannst du Vorschläge für die korrekte Schreibweise sehen und auswählen.
6 – **Blau unterstrichene** Wörter sind nicht unbedingt falsch, hier geht es um Grammatik. Manchmal wird dir eine andere Formulierung vorgeschlagen oder angezeigt, dass du ein Komma vergessen hast. Über einen Rechtsklick auf das unterstrichene Wort kannst du den Vorschlag sehen und austauschen.

2

a) Öffne ein Textverarbeitungsprogramm und schreibe einen kleinen Absatz.
b) Speichere das Dokument auf dem Desktop deines Computers ab.
c) Verändere die Farbe der einzelnen Wörter, schreibe Wörter kursiv oder fett und probiere verschiedene Schriftgrößen aus. Versuche auch, einen Satz zu kopieren und unter dem Text erneut einzufügen.
d) Schließe das Programm, wenn du fertig bist. Prüfe, ob du dein Dokument auf dem Desktop wiederfindest, und lösche das Dokument zum Schluss.

Was ist das Internet?

Das **Internet** ist ein riesiges **Netzwerk**. Unzählige Computer sind über Kabel oder Funksignale miteinander verbunden und können so über die ganze Welt in Sekundenschnelle Informationen hin- und herschicken. Mit einem **Browser** kannst du ins Internet gehen und verschiedene Internetseiten besuchen. Jede Seite hat eine eigene **Adresse**, die sogenannte **URL**. Internetadressen sind in der Regel nach diesem Muster aufgebaut: **https://www.beispielseite123.de**

Zurück und neu laden
Mit den Pfeilen gelangst du eine Seite vor oder zurück. Mit dem runden Pfeil kannst du die Seite neu laden, z. B. wenn sie sich aufhängt oder du sie aktualisieren möchtest.

Tabs
Tabs kannst du dir wie Karteikarten vorstellen: In jeder kannst du eine andere Internetseite anschauen. Mit dem Plus öffnest du weitere Tabs.

Adresszeile
Die Adresse der Internetseite gibst du in die Adresszeile des Browsers ein.

Fenster schließen
Hier kannst du das Browserfenster schließen, seine Größe ändern oder das Fenster minimieren.

Header
Im Kopfbereich, dem Header, findest du meist den Titel der Seite und das Logo.

Menü
Die Menüleiste hilft dir, dich auf der Seite zurechtzufinden.

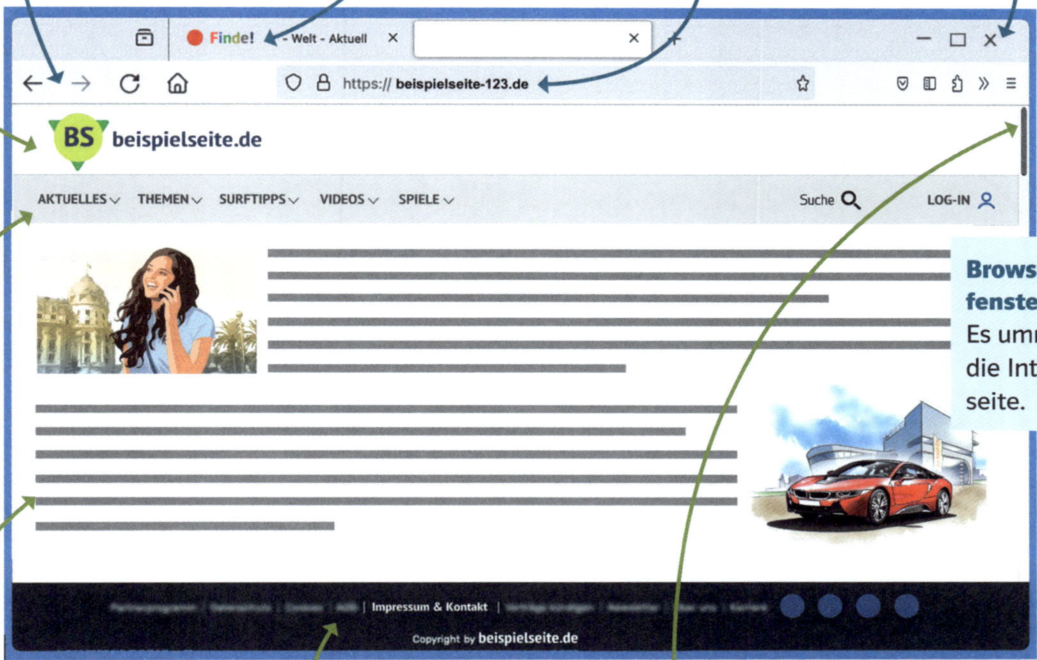

Browserfenster
Es umrahmt die Internetseite.

Inhalt
In dem Bereich mit dem Inhalt der Seite befinden sich Texte, Bilder, Videos und Ähnliches.

Footer
Im Footer findest du meistens Hintergrundinformationen zur Seite, z. B. das Impressum.

Scrollen
Mit dem Schiebebalken kannst du auf der Internetseite weiter nach oben oder unten gelangen. Das nennt man „scrollen".

1 Ansicht einer Internetseite im Browser

1

a) Gehe ins Internet, indem du den Browser öffnest, der auf deinem Computer installiert ist.
b) Schreibe in die Suchleiste deines Browsers die Internetadresse www.seitenstark.de und schau dir die Internetseite an. Findest du die in **Abb. 1** beschriebenen Bestandteile? Beschreibe die Seite.
c) Probiere das Gleiche auch einmal mit www.internet-abc.de und www.blinde-kuh.de.

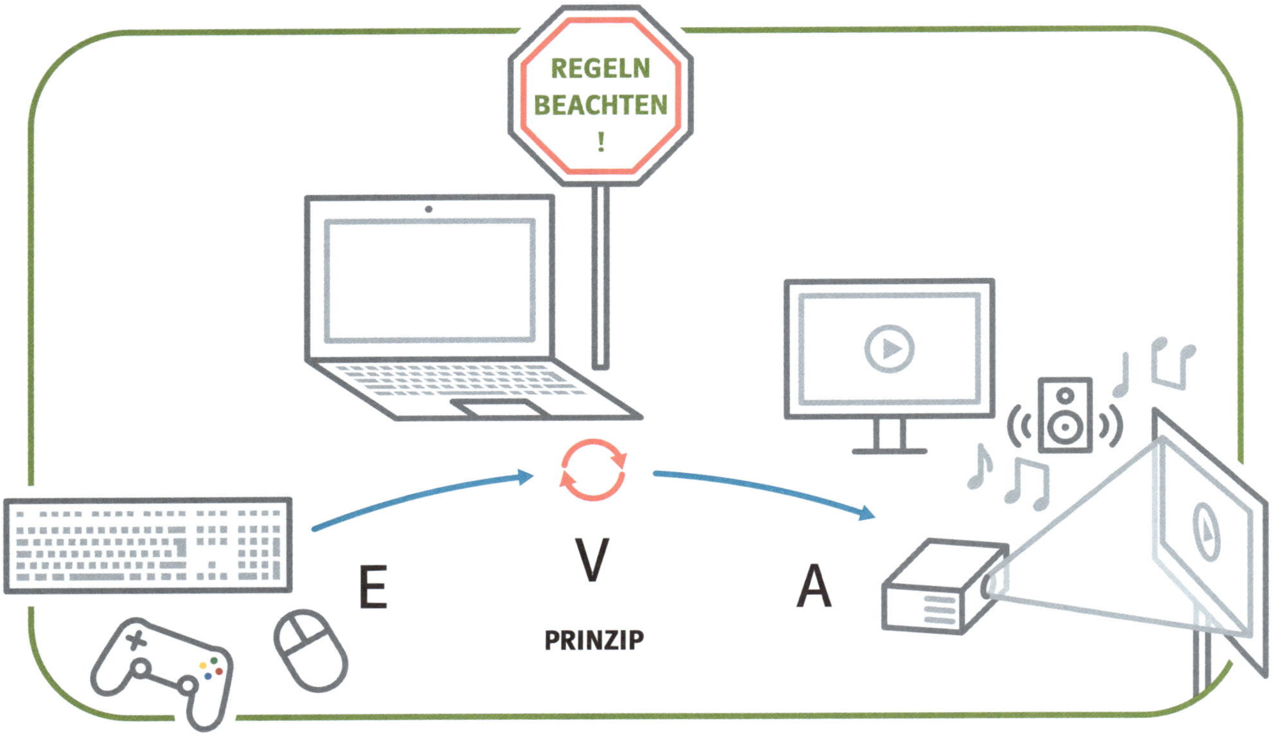

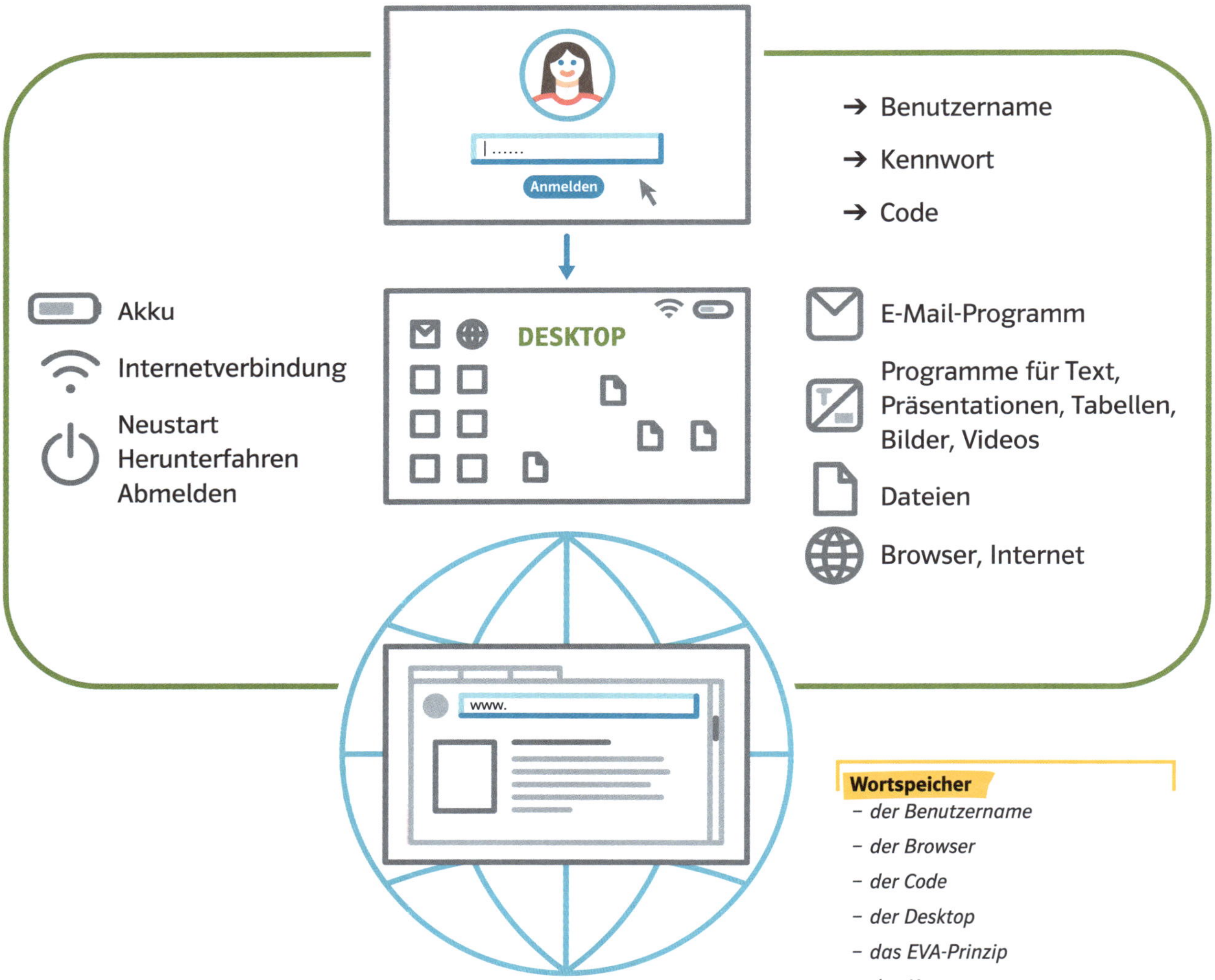

Wortspeicher
- *der Benutzername*
- *der Browser*
- *der Code*
- *der Desktop*
- *das EVA-Prinzip*
- *das Kennwort*
- *der Tab*
- *das Textverarbeitungsprogramm*

I1 Schätze dich ehrlich ein und kreuze an.
Wenn du noch etwas üben möchtest, bearbeite die interaktiven Aufgaben unter **I1**.

	Selbsteinschätzung ☺	😐	☹
Ich weiß, wie ich gut mit digitalen Geräten umgehe und welche Regeln dabei gelten.	☐	☐	☐
Ich kann Eingabe- und Ausgabegeräte unterscheiden.	☐	☐	☐
Ich kann einen Computer anschalten und mich anmelden, um ihn benutzen zu können.	☐	☐	☐
Ich kann mich auf einem Computerdesktop zurechtfinden und weiß, was die Symbole bedeuten.	☐	☐	☐
Ich kann mit einem Textverarbeitungsprogramm arbeiten und damit Texte schreiben und bearbeiten.	☐	☐	☐
Ich kann ins Internet gehen und weiß, wie ein Browserfenster und eine Internetseite aufgebaut sind.	☐	☐	☐

Das nehme ich aus dem Kapitel mit:

____

____

____

____

Das möchte ich noch einmal in der Klasse besprechen:

____

____

____

____

2

A 3

Internetrecherche

Merle schreibt für die Schulzeitung

Merle ist seit einem halben Jahr im Team der Schulzeitung dabei. Sie liebt es, Texte zu schreiben, zu spannenden Themen zu recherchieren und Menschen zu interviewen.
Jeden Monat kommt eine neue Ausgabe heraus. Das Thema in diesem Monat gefällt Merle besonders: Klima und Umweltschutz. Weil Merle zu Hause viel mit ihrem Papa und Samir zu dem Thema spricht, möchte sie unbedingt einen eigenen Artikel schreiben. Sie hat sich entschieden, fünf Tipps für eine umweltfreundliche Schule zu sammeln und recherchiert dafür im Internet.

Überlege einmal ...

- Welche Erfahrungen mit Internetrecherchen hast du?
- Wie schätzt du deine Fähigkeiten im Umgang mit dem Internet ein?
- Wenn du einen Text für eine Schulzeitung schreiben dürftest, welches Thema würdest du wählen?

Ich werde ...

- die Funktionsweise einer Suchmaschine kennenlernen.
- lernen, mit einer Suchmaschine zu arbeiten und eine Suchstrategie zu entwickeln.
- Merkmale von guten und schlechten Quellen im Internet kennenlernen.
- Tatsachen von Meinungen unterscheiden lernen.

Wie arbeiten Suchmaschinen?

V1 Für ihren Artikel „5 Dinge, die wir tun können, um unsere Schule umweltfreundlicher zu machen" recherchiert Merle im Internet. Dafür nutzt sie eine Suchmaschine. Merle fällt es anfangs schwer, die Ergebnisse zu verstehen und das Richtige zu finden. Was ist eine Suchmaschine und wie funktioniert sie?

1 Ihr Papa erklärt Merle, was eine Suchmaschine macht. Fülle die Lücken mit den vorgegebenen Wörtern. Lies anschließend den Erklärtext noch einmal ganz durch.

passenden | anklicken | Internet | Inhaltsverzeichnis | bezahlen

viel | Reihenfolge | beliebte | sortiert | Anzeigen

Du hast eine Frage und suchst im ______________ nach einer Antwort. Das Internet ist voll von Beiträgen und Informationen. Zu ______________, um sie alle durchzulesen. Eine Suchmaschine hilft dir, die ______________ Beiträge für deine Frage aus der riesigen Sammlung zu finden und ______________ sie für dich.

Wenn du einen Suchbegriff eingegeben hast, schaut die Suchmaschine in einer Art ______________ nach. Sie zeigt dir nur die Beiträge an, die zu deinem Suchbegriff passen. Die Suchmaschine legt auch eine ______________ fest, in der sie die Beiträge anzeigt. Sie schlägt dir zuerst Beiträge vor, die viele andere Menschen ______________ oder die zu dem passen, was du vorher schon einmal gesucht hast. Sie sortiert also beliebte Beiträge nach oben.

Unternehmen können auch dafür ______________, dass ihre Beiträge ganz oben stehen. Das sind dann sogenannte „______________" oder auch Werbung.

ACHTUNG
Suchmaschinen kennen keine Antworten. Sie schlagen dir nur Beiträge vor, auf denen die Antwort stehen könnte. Deshalb musst du die einzelnen Beiträge anschauen und sie immer genau lesen.

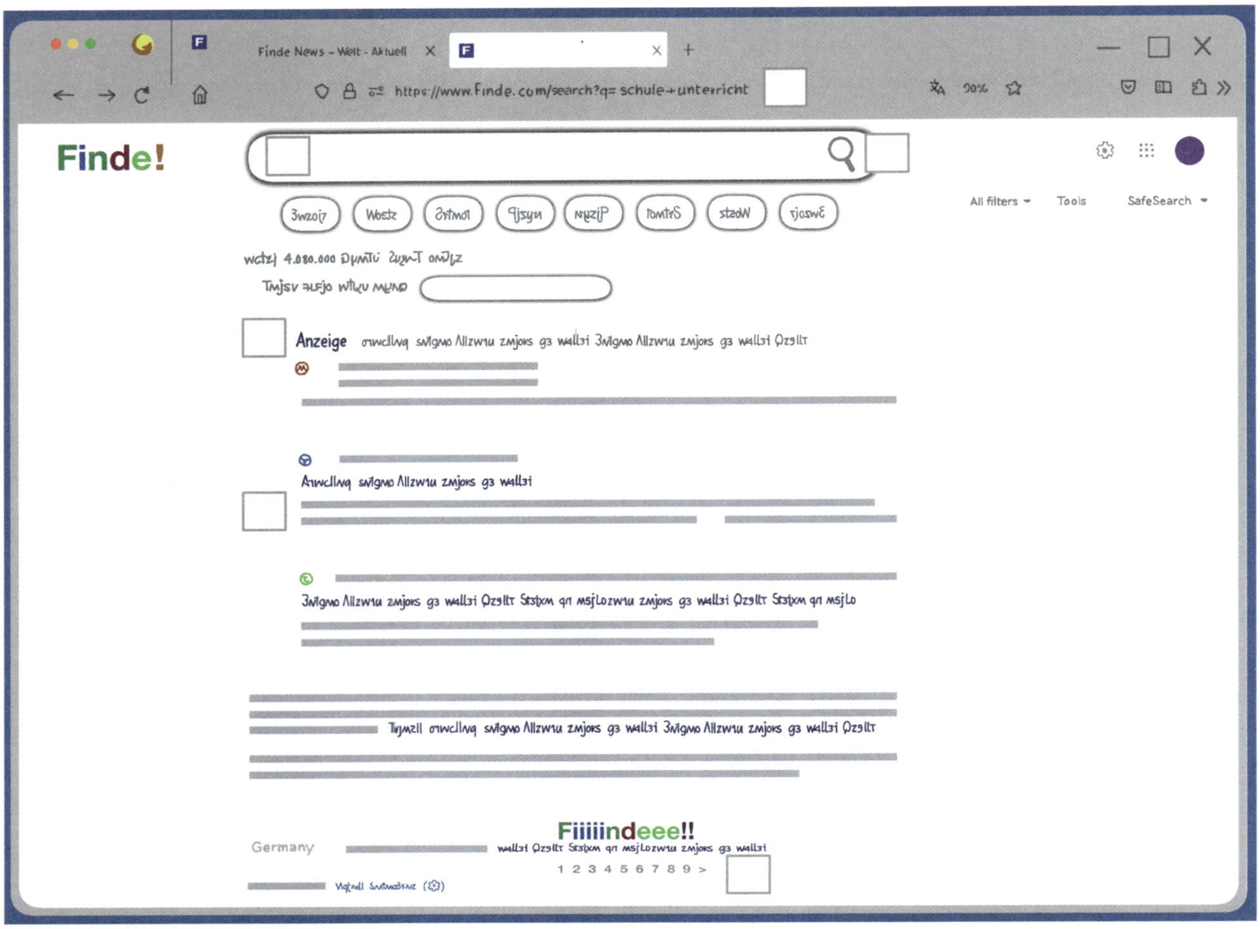

1 Ausgabe einer Suchmaschine

2 In **Abbildung 1** siehst du die Ausgabe einer Suchmaschine. Alle Suchmaschinenausgaben bestehen aus diesen Grundbausteinen. Einige Suchmaschinen zeigen dir zusätzlich noch mehr an, wie z. B. einen Steckbrief zu einer Sehenswürdigkeit oder einem Prominenten, den du gesucht hast.
Ordne die Sätze den richtigen Punkten im Bild zu, indem du die Nummer des Satzes an der richtigen Stelle im Bild einträgst.

1 – Meistens gibt es so viele Beiträge, dass sie auf mehrere Seiten verteilt sind. Schau auch auf den weiteren Seiten einmal nach.

2 – Die Adresszeile kannst du nutzen, um deine Suchbegriffe einzugeben. Hier kannst du aber auch die Internetadresse einer bestimmten Seite (z. B. www.fragfinn.de) eingeben.

3 – In die Suchleiste schreibst du deine Suchbegriffe.

4 – Um die Suche zu starten, musst du die Entertaste auf deiner Tastatur drücken oder mit der Maus auf die Lupe klicken.

5 – Die Vorschau des Beitrages sagt dir, worum es in dem Beitrag geht. Sie kann dich in die Irre führen, weil zu manchen Informationen der Zusammenhang fehlt. Lies immer den ganzen Beitrag.

A 4 **6** – „Anzeige“ bedeutet, dass jemand dafür bezahlt hat, dass seine Seite oben erscheint. Das ist Werbung.

Jetzt weiß Merle Bescheid. Die Suchmaschine hilft ihr, passende Beiträge aus dem Internet zu finden, in denen sie selbst weiter recherchieren kann. Aber wie muss sie ihren Suchbegriff formulieren, damit ihr die Suchmaschine passende Ergebnisse anzeigt?

Eine gute Suchstrategie entwickeln

Eine gute Suchstrategie macht das Recherchieren leichter. Merle hat eine Checkliste für die einzelnen Schritte einer Suchstrategie (→ **Abb. 1**).

1) Mach dir klar, zu welchem **Thema** du recherchierst und was dein **Suchinteresse** ist. Was möchtest du wissen oder herausfinden?

2) Formuliere deinen Suchbegriff so genau wie möglich. Nutze dabei so **wenige Wörter** wie möglich.

3) Tippe deinen Suchbegriff in die **Suchleiste** und bestätige mit der Entertaste auf deiner Tastatur.

4) Wenn der erste Suchbegriff keine passenden Antworten liefert, überlege, wie du dein Suchinteresse noch formulieren könntest und **probiere einen anderen Begriff** aus.

5) Lies in mehrere Beiträge hinein und schau, ob sie dir alle die gleiche Antwort auf deine Frage geben. Eine Antwort ist vertrauenswürdiger, wenn **mehrere Quellen** sie bestätigen.

6) Versuche es auch mit einer **anderen Suchmaschine**. Vielleicht findest du dort noch mehr und passendere Beiträge.

7) Lies genau! Überschriften sind dafür gemacht, dein Interesse zu wecken. Aber um zu wissen, was im Beitrag steht, reichen sie nicht aus. **Lies im Beitrag** nach.

1 Checkliste für eine gute Suchstrategie

Ein Suchbegriff kann unterschiedlich aussehen. Manchmal ist es eine kurze Frage, manchmal sind es nur einzelne Wörter. Das hängt auch von der Suchmaschine ab, die du benutzt, weil verschiedene Suchmaschinen unterschiedlich arbeiten.
Merle möchte fünf Tipps finden, wie sie ihre Schule umweltfreundlich gestalten kann. Also sucht sie mit dem Begriff „umweltfreundliche Schule".

Oft hilft es, darüber nachzudenken, was für ein Ergebnis du haben möchtest und danach deinen Suchbegriff zu formulieren. Möchte Merle z. B. die Bedeutung eines schwierigen Wortes wie „Klimaschutz" herausfinden, nutzt sie als Suchbegriff „Klimaschutz Bedeutung". Möchte sie in ihrem Artikel darüber schreiben, wie viel Wasser eine Schule normalerweise im Monat verbraucht, sucht sie nach „Schule monatlicher Wasserverbrauch".

1 Hilf Merle bei der Formulierung ihrer Suchbegriffe. Notiere zu jedem Suchinteresse passende Suchbegriffe.

a) Wie kann meine Schule weniger Plastikmüll verursachen?

___

b) Welche Vorteile hat Solarenergie?

___

c) Welche Tiere sind vom Aussterben bedroht?

___

Kindersuchmaschinen und Erwachsenensuchmaschinen

A 5 Merle sucht als erstes mit einer Suchmaschine für Erwachsene und öffnet die Seite Wikipedia. Die Seite wurde ihr von ihrem Papa empfohlen, weil sie dort schnell und übersichtlich viele Informationen findet.
Merle ist jedoch überfordert, hier steht zu viel zum Thema Umweltschutz!
Samir gibt ihr einen Tipp: Auf Kinderseiten sind schwierige Dinge einfacher und speziell für Kinder erklärt.

Hinter **Kindersuchmaschinen** stecken Menschen, die jeden Beitrag prüfen und schauen, ob er für Kinder geeignet ist. **Suchmaschinen für Erwachsene** prüfen die Inhalte nicht. Sie zeigen dir einfach alles an, was sie zum Suchbegriff finden. So kannst du eventuell auch auf Inhalte stoßen, die dir nicht guttun.

1 Unterschiede zwischen Kinder- und Erwachsenensuchmaschinen

1

a) Ordne die Merkmale entweder der Kindersuchmaschine oder der Erwachsenensuchmaschine zu, indem du Linien ziehst.

	wenig Werbung
	ungeprüfte und eventuell unangemessene Beiträge
Kindersuchmaschine	weniger Suchergebnisse
Erwachsenensuchmaschine	viel Werbung
	geprüfte und für Kinder geeignete Inhalte
	viele Suchergebnisse

b) Welche Suchmaschinen kennt ihr? Tauscht euch darüber aus und überlegt, ob es sich jeweils um eine Suchmaschine für Kinder oder Erwachsene handelt.

ACHTUNG
Safari, Google Chrome und Firefox sind keine Suchmaschinen. Das sind alles nur „Fahrzeuge“, mit denen du ins Internet kommst – man nennt sie Browser. Meistens ist eine Suchmaschine voreingestellt, auf die du direkt gelangst, wenn du auf das Browser-Symbol klickst.

A 6 **2** Vergleiche selbst einmal Kinder- und Erwachsenensuchmaschinen und deren Ergebnisse.
a) Gib zuerst bei einer Erwachsenensuchmaschine deiner Wahl den Suchbegriff „Klimaschutz“ ein.
b) Versuche das Gleiche bei der Kindersuchmaschine www.fragfinn.de.
c) Vergleiche die Ergebnisse miteinander. Notiere, was dir auffällt.

3 Führe nun selbst eine Suche durch, indem du erst deinen Suchbegriff formulierst und ihn dann in der Kindersuchmaschine www.fragfinn.de oder www.blinde-kuh.de eingibst. Wenn du kein Ergebnis findest, wechsle zu einer Suchmaschine für Erwachsene. Finde die Antworten auf folgende Fragen heraus:

a) Von wann bis wann gehen in diesem Schuljahr die Sommerferien in deinem Bundesland? Schreibe die genauen Daten auf.

b) Wie hoch ist der Eiffelturm in Paris?

c) Wie hieß das Raumschiff, mit dem Juri Gagarin als erster Mensch ins Weltall geflogen ist?

4 Nimm die beiden Kindersuchmaschinen www.fragfinn.de und www.blinde-kuh.de unter die Lupe.
a) Gib in beide Kindersuchmaschinen den Suchbegriff „Mülltrennung“ ein. Schau dir die Darstellung der Suchergebnisse an.
b) Welche Kindersuchmaschine gefällt dir besser? Begründe deine Meinung.

Gute Quellen von schlechten Quellen unterscheiden

A7 Merle weiß jetzt, wie sie im Internet nach etwas sucht. Begeistert von den vielen Beiträgen recherchiert sie wild drauf los und notiert sich viele spannende Tipps für umweltschonende Schulen. Aber Moment mal, woher will Merle wissen, dass diese Tipps auch stimmen? Woran erkennt man denn eine gute Quelle und dass ihr Inhalt auch wahr ist?

1 Hilf Merle, die Merkmale einer guten Quelle zu sammeln, indem du den Lückentext löst.

weitere Informationen | bewertet | sachlich | Quelle | aktuell | nachlesen

Datum | Rechtschreibfehler | vertraust | begründet | sortiert | Anzeigen

Eine gute ________________ erkennst du daran, dass sie von einer Person oder einem Unternehmen stammt, zu der oder dem du ________________ finden und so ihre Glaubwürdigkeit prüfen kannst. Wenn du auf anderen Seiten, denen du ________________, die gleichen Informationen findest, ist das ein gutes Zeichen.

Behauptungen sind ________________ und der Text sagt dir, wo du diese Begründungen ________________ kannst. Die Informationen des Beitrags sind ________________ und auf dem neuesten Stand (hier hilft ein Blick auf das ________________).

Der Text ist ________________ geschrieben, das heißt, dass er nicht ________________ und dich von nichts überzeugen möchte.

Es gibt keine ________________ oder unangemessene Formulierungen.

2 Warum sind manche Informationen im Internet falsch? Ordne die Erklärungen zu, indem du Linien ziehst.

- veraltete Informationen
- ungeprüfte Inhalte
- ungeprüfte Weitergabe
- bewusste Desinformation

- Manchmal werden falsche Informationen einfach von einer anderen Stelle übernommen und weitergegeben, ohne sie vorher noch einmal zu prüfen.
- Manchmal werden mit Absicht falsche Informationen verbreitet. Die Verantwortlichen wollen so z. B. Menschen in ihrer Meinung beeinflussen.
- Manchmal sind Informationen auf Internetseiten nicht mehr aktuell und damit falsch, weil sich niemand gut um die Seite kümmert und sie pflegt.
- Manchmal sind Informationen einfach nicht gut geprüft, bevor sie veröffentlicht werden.

Der Super-Blog
Ein Blog über Unterricht und Schule

20.03.2011

SUPER-LÖSUNG VOM SUPER-LEHRER MAX!

So kannst du in der Schule CO_2 sparen

Umweltschutz ist wichtig, das weis doch jedes Kindt. Und genau deshalb müssen auch Kinder helfen, die Umwelt zu schonen. In meinem Unterricht machen wir seit Kurzem alle 20 Minuten eine kleine Pause, in der alle versuchen, so lange wie möglich die Luft anzuhalten. Diese Pausen führen dazu, dass wir 10 % ausgeatmetes CO_2 sparen und damit der Umwelt etwas Gutes tun.

1 Eine gute Quelle?

3 Merle weiß nun, woran sie eine gute Quelle erkennt. Dann ist es nur logisch, dass eine schlechte Quelle das genaue Gegenteil ist. Hier siehst du einen Beitrag, den Merle für ihren Artikel in der Schulzeitung gefunden hat (→ **Abb. 1**). Er ist nicht besonders gut. Nenne vier Merkmale einer schlechten Quelle, die du in der Abbildung findest, und markiere sie rot.

4 Wie sollte Merle am besten mit Informationen umgehen, die aus einer schlechten Quelle stammen? Formuliert mindestens drei Regeln, die ihr beachten solltet, wenn ihr auf Informationen im Internet stoßt, die euch komisch vorkommen.

Tatsachen von Meinungen unterscheiden

Merle findet im Internet einen spannenden Beitrag, in dem gesagt wird, dass es vollkommen sinnlos ist, die Umwelt zu schützen. Sie erzählt ihrem Papa davon. Ihr Papa wird stutzig und bittet Merle, ihr den Artikel zu zeigen und erneut zu lesen. Geht es hier wirklich um eine Tatsache, die mit Beweisen belegbar ist, oder möchte nur jemand die eigene Meinung kundtun?

1 Ordne zu: Welche Beschreibung passt zu einer Tatsache, welche zu einer Meinung?

a) Wenn Merle Samir berichtet, dass es gestern den ganzen Tag geregnet hat, dann kann Samir diese Aussage überprüfen, indem er auf den Wetterbericht von gestern schaut. Hierbei handelt es sich um eine ________________, weil die Behauptung überprüft und bewiesen werden kann.

b) Wenn Merle behauptet, Sonnentage seien viel schöner als Regentage, dann ist das ihre ________________. Denn Samir kann das ganz anders sehen. Ihm gefällt es, wenn es regnet, weil ihn das beruhigt. Hier gibt es also kein richtig oder falsch.

2

a) Merle ist sich noch nicht sicher, ob sie den Unterschied wirklich verstanden hat. Kannst du ihr helfen? Was ist eine Tatsache, was eine Meinung? Markiere Meinungen gelb und Tatsachen blau.

- Die Erde dreht sich um die Sonne.
- Der Frühling ist schöner als der Winter.
- Klimaschutz ist nicht so wichtig wie eine warme Wohnung im Winter.
- Es gibt Menschen, die an Außerirdische glauben.
- Menschen dürfen weder online noch offline beleidigt werden.
- Früher war alles besser.
- 100 cm sind ein Meter.

b) Denkt euch drei ähnliche Sätze aus und schreibt sie auf, ohne sie einander zu zeigen. Ratet, ob es sich um eine Meinung oder um eine Tatsache handelt.

____

____

____

____

V2 **3** Hilf Merle bei ihrem Artikel für die Schulzeitung, indem du fünf Tipps recherchierst, die eine Schule umweltfreundlicher machen können. Überlege dir dazu, welche Suchbegriffe du verwenden musst und wie du bei deiner Suche vorgehst.

1. Tipp: ________________________________
2. Tipp: ________________________________
3. Tipp: ________________________________
4. Tipp: ________________________________
5. Tipp: ________________________________

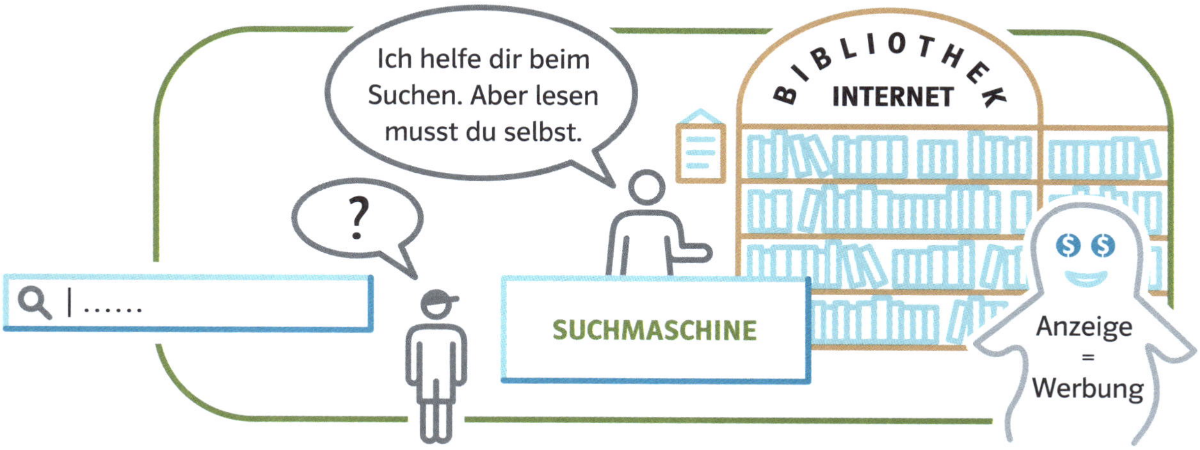

EINE GUTE SUCHSTRATEGIE

- Thema recherchieren
- passende Suchbegriffe, so knapp wie möglich
- verschiedene Suchmaschinen nutzen
- auf verschiedenen Seiten lesen

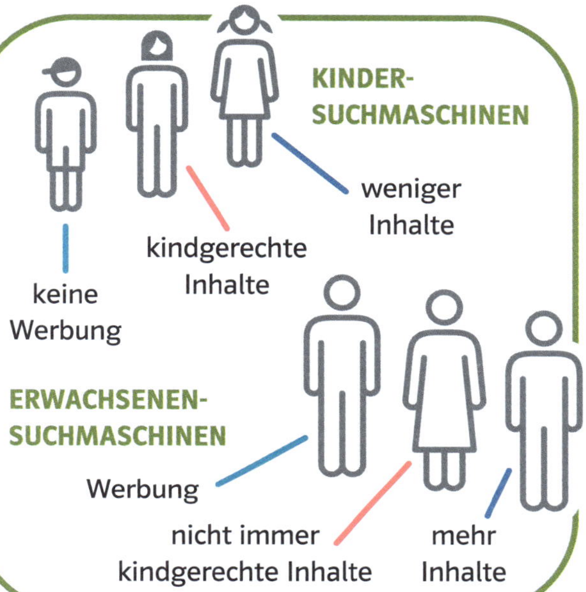

GUTE QUELLEN

- Autor/Autorin ist bekannt
- Beitrag ist aktuell
- ohne Wertung oder Meinung
- durch andere Beiträge bestätigt
- sachlicher Text ohne Fehler

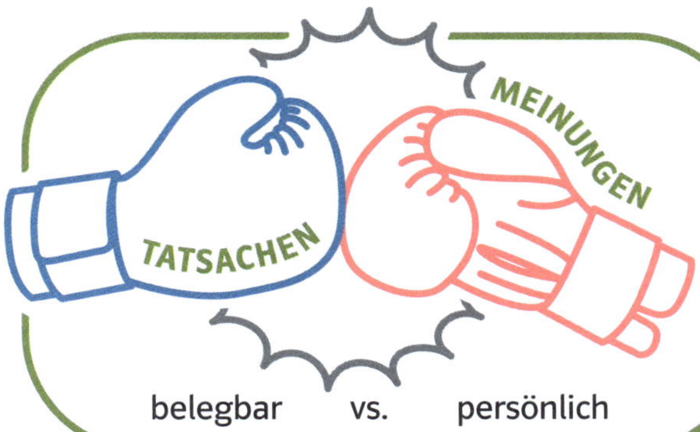

Wortspeicher
- *die Suchmaschine*
- *die Anzeige*
- *der Suchbegriff*
- *die Kindersuchmaschine*
- *die Erwachsenensuchmaschine*
- *die Quelle*
- *die Tatsache*
- *die Meinung*

I2 Schätze dich ehrlich ein und kreuze an.
Wenn du noch etwas üben möchtest, bearbeite die interaktiven Aufgaben unter **I2**.

	Selbsteinschätzung ☺	😐	☹
Ich weiß, was eine Suchmaschine ist und wie sie funktioniert.	☐	☐	☐
Ich kann eine Suchmaschine benutzen und gute Beiträge aus den Suchergebnissen heraussuchen.	☐	☐	☐
Ich kann gute Suchbegriffe und eine Suchstrategie formulieren.	☐	☐	☐
Ich weiß, was das Wort „Anzeige“ bei der Suchmaschinenausgabe bedeutet.	☐	☐	☐
Ich kenne den Unterschied zwischen Suchmaschinen für Kinder und Suchmaschinen für Erwachsene.	☐	☐	☐
Ich kann gute von schlechten Quellen unterscheiden und kenne Merkmale von beidem.	☐	☐	☐
Ich kann Tatsachen von Meinungen unterscheiden.	☐	☐	☐
Ich kann selbstständig zu einem Thema im Internet recherchieren und finde Antworten auf meine Fragen.	☐	☐	☐

Das nehme ich aus dem Kapitel mit:

____

____

____

____

Das möchte ich noch einmal in der Klasse besprechen:

____

____

____

____

3

A 8

Präsentation

Samir hält einen Vortrag

Samir soll im Unterricht einen Vortrag halten. Das Thema darf er sich selbst aussuchen.
Er hat sich für „die Biene“ entschieden. Von Merle weiß er, dass sie sehr wichtig für die Natur ist.
Beim Recherchieren sammelt Samir viele Informationen, auch Bilder und Videos.
Sogar eine Bauanleitung für ein Insektenhotel findet er.
Aus den vielen Materialien möchte er einen tollen Vortrag machen. Samir hat schon oft Vorträge gehalten. Meistens hat er dafür ein Plakat gebastelt. Dieses Mal möchte er digitale Medien einbauen.

Überlege einmal ...

- Welche digitalen Medien kannst du dir für einen Vortrag vorstellen?
- Welche digitalen Medien hast du schon einmal in einem Vortrag genutzt?
- Hast du schon einmal einen Vortrag gesehen, der dich beeindruckt hat? Was war das Besondere daran?

Ich werde ...

- drei verschiedene Präsentationsformen für Vorträge kennenlernen.
- lernen, wie ich digitale Präsentationen übersichtlich gestalten kann.
- verstehen, was das Recht am eigenen Bild und das Urheberrecht ist.
- erfahren, wie Dateien sinnvoll gespeichert werden können.

Verschiedene Präsentationsformen

Für seinen Vortrag über Bienen hat Samir schon fleißig recherchiert und Informationen zusammengetragen. Er hat Bilder gesammelt und Stichpunkte aufgeschrieben.

D1 **1** Lade dir zum Thema „Organisieren und Sortieren von Rechercheergebnissen" das Arbeitsblatt **D1** herunter und bearbeite es.

Jetzt muss Samir aus seinen ganzen Inhalten noch eine verständliche Präsentation erstellen.

2 Welche verschiedenen Möglichkeiten kennt ihr, den Inhalt einer Präsentation darzustellen? Tauscht euch zu zweit aus und beantwortet die Fragen.

a) Welche Art von Präsentation habt ihr schon einmal ausprobiert oder durch den Vortrag einer anderen Person kennengelernt?

____

____

____

b) Was hat euch besonders gut gefallen?

____

____

____

____

A9 Drei Möglichkeiten der Präsentation gefallen Samir besonders gut. Für seinen Vortrag kann er sich sowohl eine **digitale Präsentation** als auch ein **digitales Plakat** oder ein **Video** vorstellen (→ **Abb. 1**). Zusammen mit Merle spricht er darüber, welche Eigenschaften und Vor- und Nachteile die einzelnen Präsentationsformen haben.

3 Hilf Samir, einen Überblick zu bekommen, indem du jede Präsentationsform mit ihrer passenden Beschreibung verbindest.

Digitale Präsentation ●	● Die Präsentationsform besteht aus Informationen, die alle auf einer Seite gesammelt sind. Du kannst Texte, Videos, Audios und sogar Verlinkungen zu Webseiten einbinden.
Digitales Plakat ●	● Diese Präsentationsform kann einen Inhalt mit Bild und Ton und auf verschiedene Weisen zeigen. Es gibt zum Beispiel die Legetricktechnik, die Stop-Motion-Technik oder das Abfilmen eines Bildschirms.
V3 Erklärvideo ●	● Die Präsentationsform besteht aus mehreren „Folien". Jede Folie enthält eigene Informationen. Hier kannst du Text, Bilder, Audios und sogar Videos einbinden.

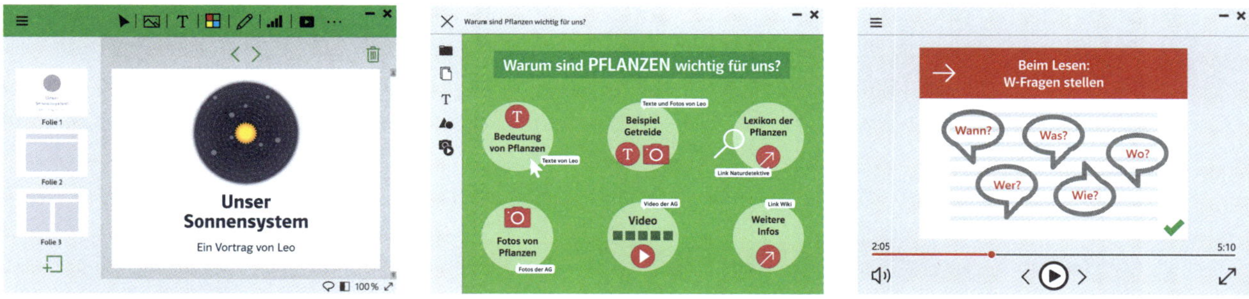

1 Verschiedene Präsentationsformen

4 Hilf Samir herauszufinden, was die Vor- und Nachteile der Präsentationsformen sind, indem du die Überschriften zuordnest.

digitale Präsentation | digitales Plakat | Erklärvideo

Präsentationsform: ____________________

Vorteil: Diese Form ist sehr anschaulich, interessant und es macht Spaß, sie anzuschauen. Du kannst Bilder und Ton verbinden, was es manchmal einfacher macht, den Inhalt zu verstehen. Mit dieser Form kannst du deinen Vortrag im Vorhinein aufnehmen, wenn dir freies Sprechen vor der Klasse schwerfällt.

Nachteil: Hast du diese Form noch nie ausprobiert und kennst dich noch wenig aus, dauert es vielleicht länger, diese Präsentation vorzubereiten.

Präsentationsform: ____________________

Vorteil: Du kannst den Inhalt auf mehrere Folien aufteilen und deinen Vortrag damit gut strukturieren.

Nachteil: Die Folien dürfen nicht zu voll und überladen sein. Außerdem kannst du sie nicht gut ausdrucken, um sie in der Klasse aufzuhängen.

Präsentationsform: ____________________

Vorteil: Du kannst alle Infos an einer Stelle sammeln und zum Beispiel durch eine Mindmap ordnen. Du kannst einzelne Inhalte anklicken und heranzoomen und verschiedene Medien einbinden.

Nachteil: Diese Präsentationsform kann unübersichtlich sein, wenn die Inhalte nicht gut geordnet und strukturiert sind. Du musst gut aufpassen, dass man beim Anschauen nicht zu sehr überfordert wird.

5 Welche Präsentationsform würdest du an Samirs Stelle wählen? Begründe.

____

____

____

____

6 Samir hat sich entschieden, für seinen Vortrag über Bienen eine digitale Präsentation zu erstellen. Ihm fällt schnell auf: Bei allen Präsentationsformen ist es wichtig, dass er sich Mühe gibt, sie anschaulich und verständlich zu gestalten.
Hier siehst du einen Entwurf einer Folie von Samirs digitaler Präsentation (→ **Abb. 1**).

a) Umkreise die Stellen, die du verändern würdest und begründe, warum du sie verändern würdest.

1 Entwurf einer Folie aus Samirs digitaler Präsentation

____

____

____

____

b) Besprecht, warum ihr die markierten Stellen ändern würdet.

c) Überlegt euch drei Tipps für eine gute digitale Präsentation.

1. Tipp: ______________________________

2. Tipp: ______________________________

3. Tipp: ______________________________

D2 **7** Lade Samirs digitale Präsentation (→ **D 2**) herunter und bearbeite die drei Folien, die schon fertig sind. Probiere verschiedene Dinge aus, z. B. verschiedene Schriftarten und Schriftfarben.

> *TIPP*
> *Bei der digitalen Präsentation kannst du eine Menge ausprobieren. Es gibt verschiedene Schriftarten, Farben, Hintergründe und sogar Übergänge zwischen den Folien.*

Informationen weitergeben und veröffentlichen

Samir hat nach Bildern gesucht, die seinen Vortrag anschaulich machen können. Viele Bilder hat er im Internet gefunden. Samir hat auch eigene Bilder, weil er schon einmal mit seinem Papa und Merle bei einer Imkerin war und sogar einen Imkeranzug tragen durfte.

1 Merle im Imkeranzug

1 Dieses lustige Bild (→ **Abb. 1**) gefällt Samir besonders gut, darüber wird seine Klasse sicher lachen. Als er seinem Papa das Foto zeigt, möchte dieser wissen, ob Samir Merle schon gefragt hat, ob er das Foto in der Klasse zeigen darf. Hilf Samirs Papa, ihm zu erklären, warum es so wichtig ist, Merle zuerst um ihre Erlaubnis zu bitten. Fülle dafür die Lücken im Text:

weiterverbreiten | veröffentlicht | entscheiden | Erlaubnis

einverstanden | Recht am eigenen Bild | Menschengruppen | Hintergrund

A 10 Jeder Mensch hat das ______________________. Das bedeutet, dass nur die Person auf dem Foto ______________________ darf, ob und wo es ______________________ wird. Das ist ein Persönlichkeitsrecht.

Die Person, die das Foto gemacht hat, muss deshalb um ______________________ bitten und darf das Bild ohne die Erlaubnis der abgebildeten Person auch nicht veröffentlichen oder ______________________.

Es gibt Ausnahmen, in denen die abgebildete Person nicht gefragt werden muss. Das betrifft zum Beispiel Fotos mit großen ______________________, Bilder, auf denen Menschen nur im ______________________ zu sehen sind, und Abbildungen von prominenten Menschen.

Trotzdem gilt immer: Wenn du ein Bild einer anderen Person nutzen möchtest, dann frag nach, ob sie ______________________ ist.

Samir hat über das Gespräch mit seinem Papa nachgedacht. Als er Merle fragt, ob er ihr Bild in der Klasse zeigen darf, lacht sie und erlaubt es ihm. Am Ende entscheidet er sich aber trotzdem für ein Foto, das Merle und ihn zusammen zeigt. Das passt auch viel besser zu seinem Vortrag, weil im Hintergrund der Bienenstock zu sehen ist.

Viele seiner Informationen hat Samir im Internet gesammelt. Papa gibt ihm einen Hinweis: Samir muss immer angeben, wo er seine Informationen gefunden hat. Das wird **Quellenangabe** genannt.

TIPP

Eine Quellenangabe sollte immer deutlich machen, woher du eine Information hast (z. B. von welcher Person oder welcher Internetseite).

Ein Beispiel: Infos aus dem Klexikon, www.klexikon.zum.de/wiki/Bienen

V4 Samir zeigt in seiner Präsentation auch ein Foto der Imkerin, das sein Papa gemacht hat. Außerdem hat er ein Video von einer Videoplattform eingebaut. Auch bei Fotos, Bildern und Videos muss Samir eine Quellenangabe machen. Zudem muss er hier das Urheberrecht beachten. Das **Urheberrecht** sagt, dass nur die Person, die ein Werk, wie z. B. ein Foto, erstellt hat, entscheiden darf, was damit passiert. Und natürlich muss die Imkerin vorher gefragt werden, weil sie auf dem Bild zu sehen ist. Sie hat hier das **„Recht am eigenen Bild“**.

> *TIPP*
> *Es gibt Menschen, die ihre Inhalte freiwillig unter eine sogenannte freie Lizenz stellen.*
> *Ein Foto unter einer freien Lizenz darfst du benutzen, ohne extra um Erlaubnis zu bitten. Die Internetseite www.find-das-bild.de ist eine Seite mit Bildern unter freier Lizenz, die extra für Kinder gemacht ist. Dort kannst du dir ein Foto herunterladen und es z. B. für eine Präsentation nutzen. Du musst trotzdem daran denken, den Urheber oder die Urheberin zu nennen.*

2 Folie aus Samirs Präsentation

2 Hier siehst du eine Folie aus Samirs Präsentation (→ **Abb. 2**).

a) Hat Samir darauf geachtet, überall eine Quelle anzugeben? Markiere die Stellen grün, bei denen er dazugeschrieben hat, woher der Inhalt kommt und die Stellen rot, an denen er die Quellenangabe vergessen hat.

b) Kreuze an, welche beiden Quellenangaben richtig formuliert sind und in der Präsentation ergänzt werden können.

- ☐ Video von der Imkerei Honigbiene, www.imkereihonigbiene.de
- ☐ 5 Fakten über Bienen
- ☐ Video aus dem Internet
- ☐ Quelle: www.allesueberbienen.de

Dateien abspeichern und wiederfinden

Samir hat seine Präsentation fertiggestellt. Aber jetzt muss er sichergehen, dass er sie gut abspeichert, damit er sie mit zur Schule nehmen kann. Dafür hat er von seinem Papa einen USB-Stick bekommen.

1	DOCX	Artikel_Klimaschutz_Merle.docx	5	JPG	Merle_Klassenfahrt2.jpg
2	MP3	Interview_mit_Imkerin_Samir.mp3	6	JPG	Merle_Klassenfahrt3.jpg
3	PDF	Lebenslauf_Bewerbung_Papa.pdf	7	PPTX	Präsentation_Beatles_Merle.pptx
4	JPG	Merle_Klassenfahrt1.jpg	8	MOV	Bienenstock_Samir.mov

1 Dateien auf dem USB-Stick von Samirs Vater

V5 ⓓ **1**

a) Sieh dir an, welche Dateien bereits auf dem USB-Stick gespeichert sind, und versuche anhand der Bilder und Dateinamen herauszufinden, worum es sich bei den einzelnen Dateien handelt (→ **Abb. 1**). Ordne die Nummern der Dateien dem dazugehörigen Dateityp zu.

☐	PDF-Dokument	☐	digitale Präsentation
☐	Bild/Foto	☐	Audiodatei
☐	Textdokument	☐	Video

b) Überlege dir, welche Ordner Samirs Papa erstellen könnte, um Ordnung in die Dateien auf dem USB-Stick zu bringen. Sortiere die Nummern der Dateien in deine neu erstellte Ordnerstruktur ein.

Ordner:	**Dateien:**
Merles Dateien	1, 7
______________	______________
______________	______________

2 Samirs Präsentation braucht einen eindeutigen Dateinamen, damit er sie schnell wiederfindet. Welcher der folgenden Dateinamen passt deiner Meinung nach am besten?
Kreuze den besten Dateinamen an und begründe bei den weniger guten Alternativen, warum du sie nicht auswählen würdest.

☐ **Präsentation_Samir.pptx**

☐ **Samir_Präsentation_Biene.pptx**

☐ **Vortrag.pptx**

☐ **Biene.pptx**

3 Benenne, in welchem Ordner auf dem USB-Stick Samir seine Präsentation am besten ablegen kann.

4 In **Abb. 2** seht ihr einen Computer-Desktop, auf dem verschiedene Fenster geöffnet sind. Betrachtet die Abbildung gemeinsam und beantwortet die Fragen.

a) Wie lässt sich ein Fenster schließen?

b) Wie kann man einen Ordner öffnen?

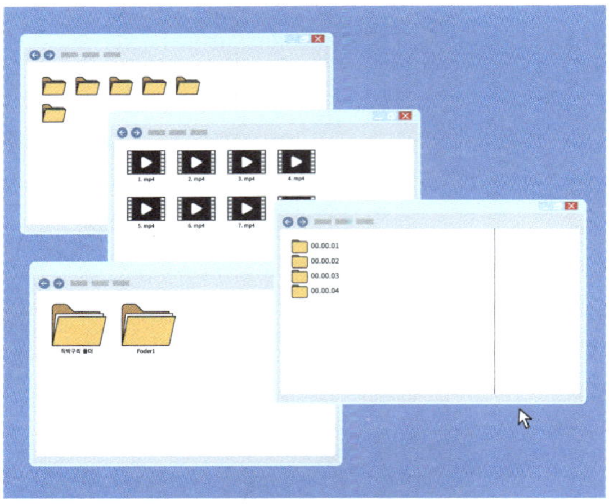

2 Desktop mit mehreren geöffneten Fenstern

c) Wie gelangt man zurück zum übergeordneten Ordner?

5 Nun bist du an der Reihe:
Erarbeite zu einem Thema deiner Wahl einen Kurzvortrag von ungefähr fünf Minuten.
Dein Vortrag soll interessante Fakten enthalten und deine Mitschülerinnen und Mitschüler sollen etwas Neues lernen.
Recherchiere dazu im Internet und bereite eine kurze digitale Präsentation mit maximal fünf Folien vor. Deine Präsentation sollte sowohl Text als auch Bilder enthalten.

PRÄSENTATIONSFORMEN

digitale Präsentation | digitales Plakat | Video

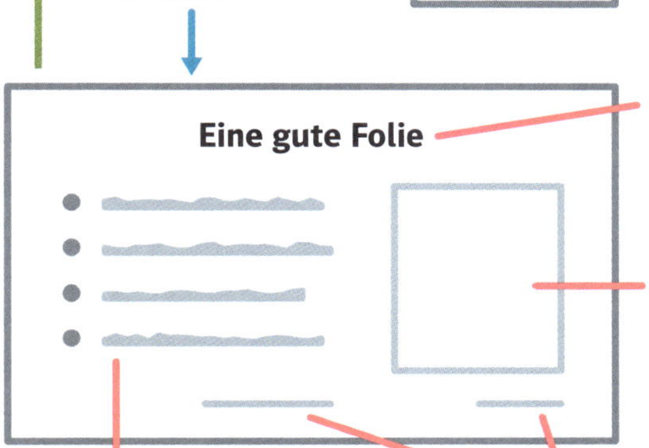

große, verständliche Überschrift

Wenige Fotos machen das Thema anschaulicher.

Wenige, gut verständliche Stichpunkte werden durch Gesagtes ergänzt.

Quellenangabe bei Fotos und Informationen

DAS RECHT AM EIGENEN BILD

Du darfst entscheiden, …

- ob ein Foto von dir veröffentlicht werden darf.
- wo ein Foto von dir veröffentlicht werden darf.

URHEBERRECHT

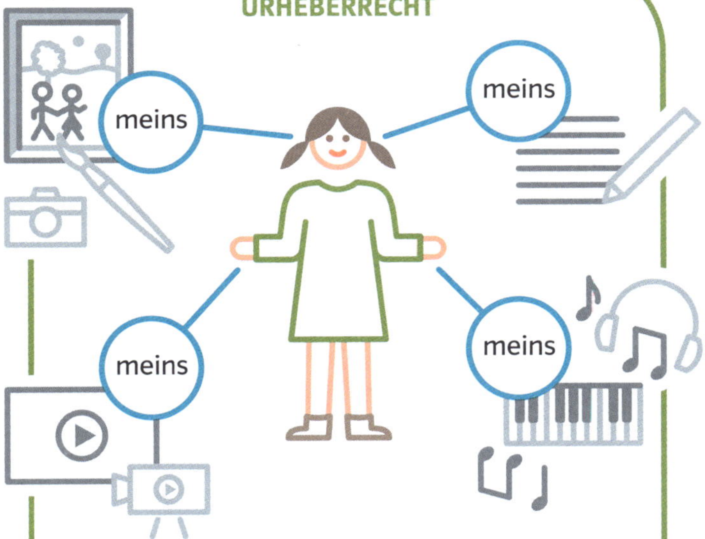

Das Werk einer anderen Person darfst du …

✓ nur benutzen, wenn du die Erlaubnis der Person hast.

✗ nicht als dein eigenes Werk ausgeben oder veröffentlichen.

DATEIFORMATE

> Dieser PC > USB-Laufwerk

- Name
  - Textdatei.odt
  - Audiodatei.mp3
  - Bilddatei.png
  - (Ordner)
    - Textdatei.docx
    - Bilddatei.jpg
  - Videodatei.mov

Wortspeicher
- *das Dateiformat*
- *das Erklärvideo*
- *das digitale Plakat*
- *die digitale Präsentation*
- *die Quellenangabe*
- *das Recht am eigenen Bild*
- *das Urheberrecht*

13 Schätze dich ehrlich ein und kreuze an.
Wenn du noch etwas üben möchtest, bearbeite die interaktiven Aufgaben unter I 3.

	Selbsteinschätzung ☺	😐	☹
Ich kenne die drei Präsentationsformate digitale Präsentation, digitales Plakat und Erklärvideo und kann jeweils Vor- und Nachteile benennen.	☐	☐	☐
Ich kann eine Präsentationsfolie so gestalten, dass sie ansprechend und informativ ist.	☐	☐	☐
Ich weiß, was das Recht am eigenen Bild ist und wie ich mit Fotos, die andere Personen zeigen, umgehen darf.	☐	☐	☐
Ich weiß, was das Urheberrecht ist und wie ich mithilfe einer Quellenangabe zeigen kann, dass ich ein Werk einer anderen Person nutze.	☐	☐	☐
Ich kann an der Dateiendung erkennen, welches Format eine Datei hat.	☐	☐	☐
Ich kann eine Ordnerstruktur anlegen, um digitale Dateien so abzulegen, dass ich sie gut wiederfinden kann.	☐	☐	☐

Das nehme ich aus dem Kapitel mit:

____

____

____

____

Das möchte ich noch einmal in der Klasse besprechen:

____

____

____

____

4

A 11

Kooperation und Kollaboration

Merle macht eine Gruppenarbeit

Merle arbeitet mit ihren Freunden Younes und Tristan an einer Hausaufgabe, die sie über die Ferien fertigstellen sollen. Sie gestalten eine digitale Pinnwand über Spanien für die Europa-Ausstellung der Schule. In der Ausstellung soll es Plakate und Modelle geben, aber auch digitale Ausstellungsstücke wie Audios oder eben digitale Pinnwände. Weil Tristan mit seinen Eltern in den Urlaub fährt, können sich die drei nicht treffen und arbeiten daher online über das Internet zusammen.

Überlege einmal ...

- Welche Erfahrungen hast du schon mit Gruppenarbeiten gemacht?
- Wie arbeitest du am liebsten in Gruppen?
- Welche Medien hast du schon mal für eine Gruppenarbeit genutzt?
- Hast du schon einmal eine E-Mail verschickt?

Ich werde ...

- erfahren, was Kooperation und Kollaboration bedeutet.
- zwei verschiedene digitale und kollaborative Werkzeuge kennenlernen.
- verstehen, wie diese Werkzeuge cloudbasiert arbeiten.
- lernen, wie ich E-Mails versende.
- Feedbackmethoden kennenlernen.

Gemeinsam an einer digitalen Mindmap arbeiten

1 Was glaubt ihr, warum arbeiten wir manchmal gern in Gruppen? Überlegt zusammen, welche Vorteile es haben könnte, eine Aufgabe gemeinsam, statt allein zu lösen.

A 12

Für das Zusammenarbeiten mithilfe von digitalen Medien gibt es verschiedene Begriffe.
Die Begriffe „**kooperieren**“ und „**kollaborieren**“ bedeuten, dass mehrere Personen gemeinsam an einer Aufgabe arbeiten.
Es gibt z. B. Medien, die dafür gemacht sind, dass mehrere Personen an demselben digitalen Dokument arbeiten können: Ein kollaboratives Textdokument ist z. B. ein „Werkzeug“ im Internet, mit dem mehrere Menschen gleichzeitig von verschiedenen Computern aus an demselben Text arbeiten und ihn miteinander bearbeiten können.

1 Kooperieren und kollaborieren

Merle und ihre Freunde haben vor den Ferien mit der Planung für ihre digitale Pinnwand begonnen. Dafür haben sie eine Mindmap erstellt, in der sie ihre Ideen gesammelt und strukturiert haben (→ **Abb. 2**).

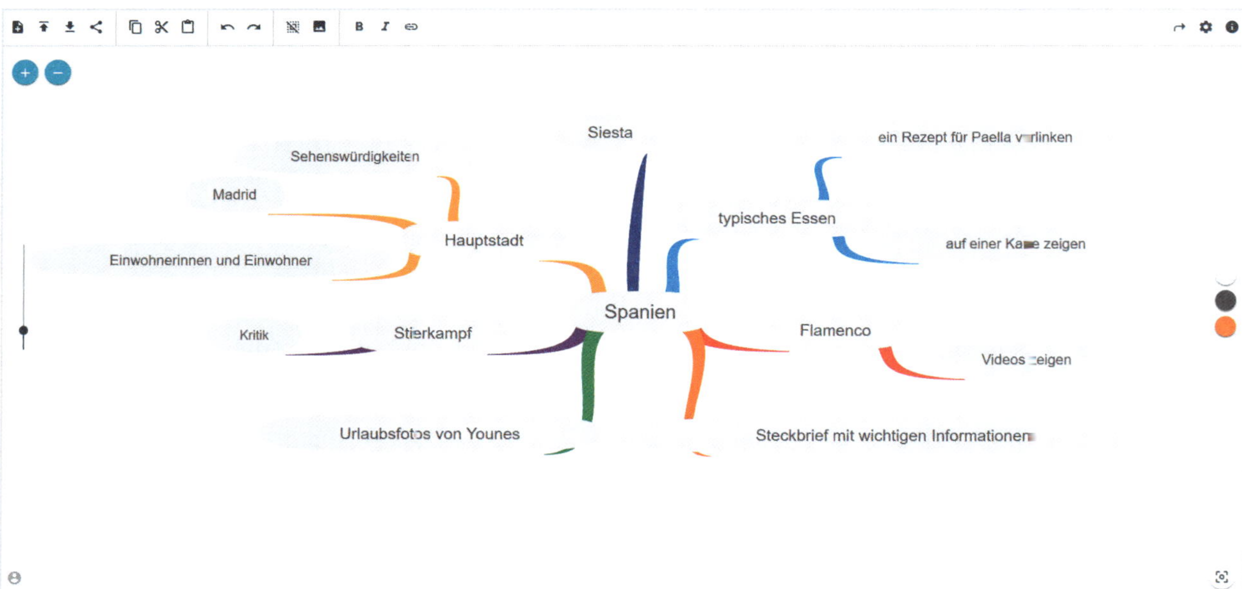

2 Digital erstellte Mindmap

Das große Überthema steht in der Mitte. Um diese Mitte herum werden Unterthemen gesammelt und mit dem Thema in der Mitte verbunden. Diese Unterthemen haben dann wieder neue Verzweigungen. Mit einer Mindmap können Themen gut sortiert und strukturiert werden. Merle, Tristan und Younes haben ein Programm genutzt, mit dem man kollaborativ eine digitale Mindmap im Internet erstellen kann.

2 Erstellt selbst eine digitale Mindmap zu einem Thema eurer Wahl. Sammelt wie im Beispiel (→**Abb. 2**) erst einmal nur die Überschriften und erste Ideen zu den Themen, die eure Pinnwand haben wird.
Nutzt ein kollaboratives Mindmap-Werkzeug, auf das ihr beide jeweils von einem eigenen Gerät (z.B. Tablet oder Laptop) zugreift.

> *TIPP*
> *Werkzeuge wie der TeamMapper speichern dein Projekt nicht für immer. Oft ist schon beim Erstellen deines Dokuments ein Ablaufdatum festgelegt. Schau deshalb genau, wann deine Datei automatisch gelöscht wird, und speichere sie am besten direkt auf deinem Gerät ab, wenn du fertig bist.*

3 Welche Vorteile haben Merle, Tristan und Younes dadurch, dass sie eine digitale und kollaborative Mindmap erstellt haben? Kreuze die richtigen Antworten an.

Die digitale Mindmap kann einfach bearbeitet und verändert werden. Bei einer Mindmap auf Papier wird es manchmal unübersichtlich oder es muss radiert werden, damit genügend Platz für Erweiterungen ist.	☐
Jede und jeder kann die digitale Mindmap zur gleichen Zeit und auch zu Hause bearbeiten und sie immer weiterentwickeln.	☐
Änderungen in der digitalen Mindmap sind immer direkt auf den verschiedenen Geräten zu sehen.	☐
Die digitale Mindmap kann an andere Gruppenmitglieder weitergegeben werden, ohne sie abzuschreiben oder zu fotografieren.	☐

A 13 **4** Digitale, kollaborative Werkzeuge gibt es im Internet von vielen verschiedenen Anbietern. Welche Fragen solltest du dir stellen, bevor du das Angebot eines Unternehmens auswählst? Bringe die Wörter in die richtige Reihenfolge.

alle | Werkzeug | Hat | brauche? | ich | das | Funktionen, | die

____

einen | erstellen? | ich | Muss | Account | mir | zuerst

____

Nutzung | muss | bezahlen? | die | Ist | kostenlos | ich | etwas | oder

____

Gemeinsam eine digitale Pinnwand erstellen

Weil Tristan mit seiner Familie im Urlaub ist, kann er sich nicht mit Merle und Younes treffen. Das ist aber kein Problem. Die drei helfen sich für die Erstellung ihrer Pinnwand mit einem digitalen Werkzeug weiter.

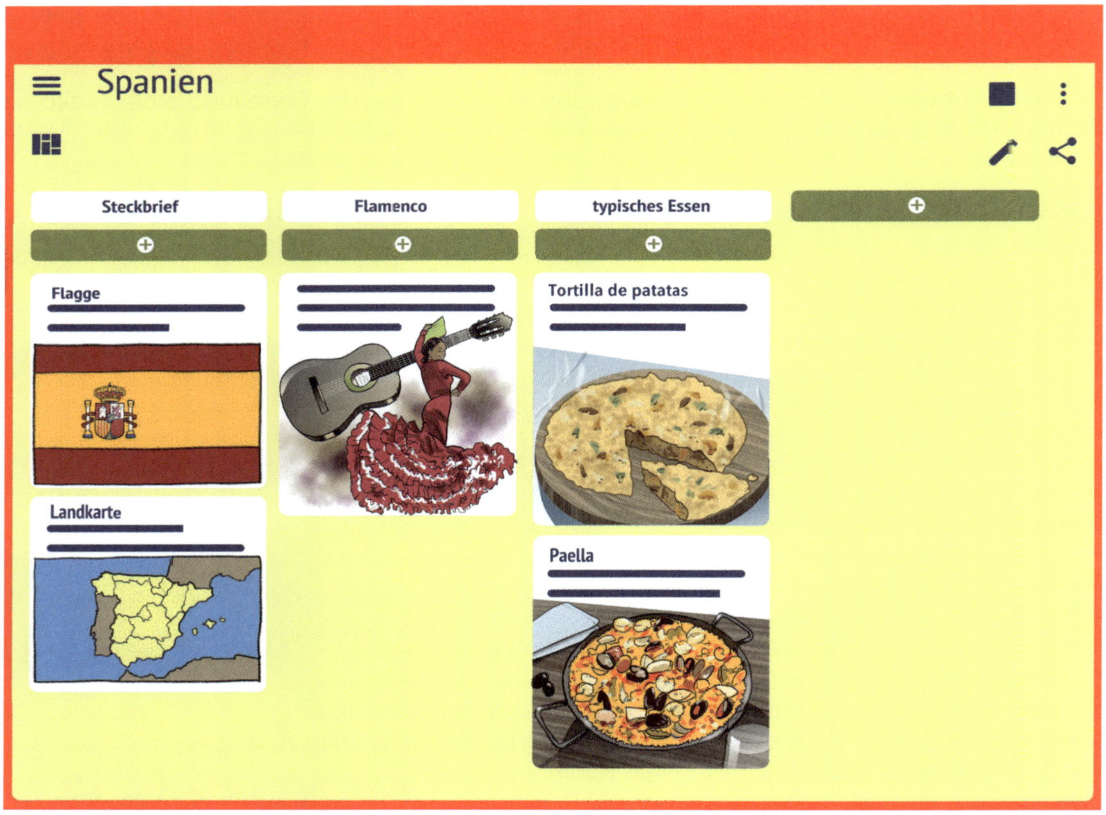

1 Digitale Pinnwand von Merle und ihren Freunden

Auf ihre digitale Pinnwand können sie von verschiedenen Computern aus zugreifen. Sie können dort Informationen, die sie im Internet finden, ablegen und sammeln: Bilder, Links zu Internetseiten, Videos und mehr. Die Informationen können wie kleine Zettelchen an die Pinnwand gepinnt und sortiert werden.

1 Schau dir die digitale Pinnwand von Merle, Tristan und Younes an (→ **Abb. 1**). Notiere, was dir besonders gut an einer digitalen Version gefällt.

____

____

____

____

____

____

2 Erstellt selbst eine digitale Pinnwand. Besprecht mit eurer Lehrkraft, welches digitale Werkzeug ihr dafür verwendet. Eure Notizen aus eurer digitalen Mindmap (→ **S. 35, Aufg. 2**) geben euch eine Struktur und inhaltliche Schwerpunkte vor. Ihr könnt Links, Bilder, Videos und vieles mehr benutzen.

TIPP
Bei Gruppenarbeiten ist die Arbeitsteilung ein wichtiger Punkt: Verteilt untereinander gerecht einzelne Aufgaben, die erledigt werden müssen, um das Produkt fertigzustellen. Organisiert euch so, dass ihr noch genug Zeit habt, die Ergebnisse der anderen Gruppenmitglieder anzuschauen und Verbesserungsvorschläge umzusetzen.

A 14 **3** Nenne in der Tabelle, welche Vorteile ein digitales Werkzeug bei der Erstellung eines Plakats bietet und welche Vorteile ein Plakat auf Papier hat.

Das kann ein digitales kollaboratives Werkzeug besser:	**Das kann ein klassisches Plakat aus Papier besser:**
Es kann beliebig oft verändert werden.	Es kann in der Schule für alle sichtbar aufgehängt werden.

A 15 **4** Die Arbeit mit kollaborativen Werkzeugen wird Merle und ihren Freunden durch eine Cloud ermöglicht. Fülle die Lücken im Text, um zu erfahren, was eine Cloud ist und wie sie funktioniert.

Server | funktionierenden | kollaboratives | Computer | verschiedenen | Unternehmen | Cloud | persönlichen

Ein ____________, digitales Werkzeug hat den Vorteil, dass du und andere Personen gleichzeitig von ____________ Geräten auf eine Datei, z. B. eine Mindmap, zugreifen und sie auch zur gleichen Zeit bearbeiten könnt. Das liegt daran, dass die Datei nicht direkt auf einem ____________ Gerät, z. B. deinem ____________, gespeichert ist. Die Datei ist in der sogenannten ____________ gespeichert. Eine Cloud – das ist das englische Wort für Wolke – ist ein Speicher, der wie eine Wolke weit weg ist. Oft stellen ____________ die Cloud zur Verfügung. Das ist dann ein riesiger Computer, auf dem deine Datei gespeichert wird, er heißt ____________. Über das Internet können du und deine Gruppenmitglieder die Datei von diesem Server auf vielen verschiedenen Geräten abrufen und gemeinsam bearbeiten. Damit das funktioniert, brauchst du unbedingt einen ____________ Internetzugang.

Eine E-Mail versenden

Merle hat ein Video für die Pinnwand gemacht und möchte ihre Klassenlehrerin fragen, ob sie es in der Klasse zeigen darf. Weil Ferien sind, schreibt sie ihrer Lehrerin eine E-Mail. Tristan und Younes bekommen eine Kopie der E-Mail, um mitlesen zu können, was Merle schreibt.

1 Was ist eigentlich eine E-Mail? Kreuze an, welche Beschreibung die richtige ist.

Eine E-Mail ist eine Internetseite, auf der du mit anderen schreiben kannst.	☐
Eine E-Mail ist ein elektronischer Brief, den du über das Internet verschickst.	☐
Eine E-Mail ist ein Name, den du dir im Internet gibst.	☐

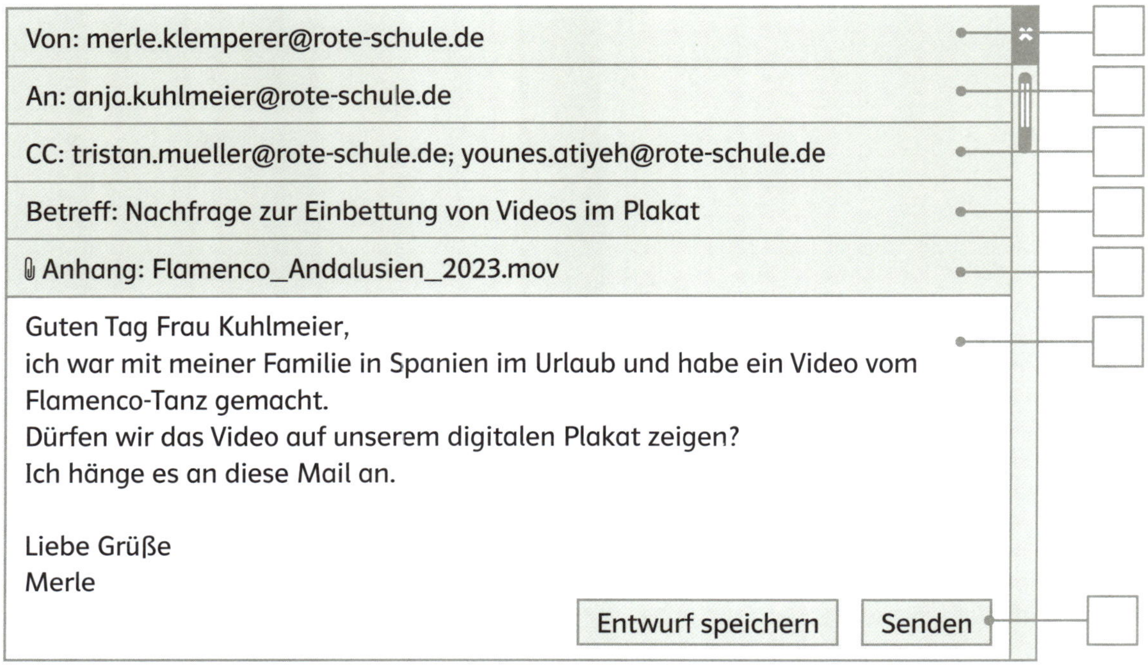

1 Bestandteile einer E-Mail

2 In **Abb. 1** siehst du die E-Mail, die Merle an ihre Klassenlehrerin verschickt hat. Ordne die Bestandteile zu, indem du die Zahl in das jeweils passende Feld schreibst.

1 – Hier steht die E-Mail-Adresse der **Absenderin**.

2 – In der **Betreffzeile** steht kurz zusammengefasst, worum es in der E-Mail geht.

3 – Hier stehen die Adressen derjenigen, die eine **Kopie** der E-Mail erhalten.

4 – Hier steht die E-Mail-Adresse der **Empfängerin**.

5 – Im **Textfeld** steht zuerst die Anrede, dann der Text und dann eine passende Verabschiedung.

6 – Du kannst kleine Dateien wie Fotos, Textdokumente oder Videos als **Anhang** mitsenden. Den Anhang musst du dafür in der E-Mail hochladen.

7 – Wenn du noch einmal alles geprüft hast, klickst du auf „**Senden**“.

D3 **3** Jetzt bist du dran. Wenn du eine eigene E-Mail-Adresse über deinen Schulaccount hast, verfasse damit eine E-Mail mit einem Bild im Anhang und schicke sie an deine Lehrkraft. Wenn du keine eigene E-Mail-Adresse hast, nutze das Arbeitsblatt (→ **D 3**).

Bei Gruppenarbeiten Feedback geben

Merle und ihre Freunde kommen gut voran. Die Pinnwand wird immer voller und interessanter. Aber nun gibt es doch einen Punkt, den Merle mit Tristan besprechen möchte. Tristan hat die ganze Pinnwand in einer Schriftart gestaltet, die nicht gut lesbar ist.

1 Worauf kannst du achten, wenn du Medienprodukte von anderen bewertest und Feedback gibst? Finde die Wörter im Buchstabengitter.

verständlich | einheitlich | strukturiert | korrekt | lesbar | interessant | übersichtlich

A	Q	H	E	I	N	H	E	I	T	L	I	C	H	H	I	B	W
G	W	H	E	E	T	G	K	T	R	I	Y	L	P	T	N	I	L
K	O	S	C	W	U	S	S	L	E	Q	E	R	P	A	E	N	L
V	E	R	S	T	Ä	N	D	L	I	C	H	B	W	N	R	T	V
T	H	A	T	I	W	K	O	R	R	E	K	T	V	S	J	E	I
H	J	N	K	L	O	E	S	R	U	X	A	U	Q	I	T	R	K
V	Q	I	B	E	Y	Ö	F	P	T	Ü	J	N	H	C	M	E	F
S	P	R	E	S	I	B	T	N	K	L	L	E	Y	F	T	S	Ö
T	Z	J	W	B	J	H	B	Ö	U	K	D	B	L	R	F	S	R
H	B	G	P	A	E	H	S	M	R	C	Z	A	K	B	G	A	R
E	Ü	B	E	R	S	I	C	H	T	L	I	C	H	T	E	N	U
L	R	G	M	Ä	A	K	S	Q	S	N	E	L	Ä	N	B	T	W

Zum Glück haben die drei noch vor den Ferien einen Gruppenchat auf ihren Smartphones eingerichtet. So kann Merle Tristan schnell eine Nachricht schicken und auch Younes kann das Gespräch mitverfolgen.

2 Ein Gespräch im Chat funktioniert anders als ein Gespräch zwischen zwei Menschen, die sich gegenüberstehen. Vergleiche die beiden Gesprächsarten miteinander.
Mache einen Haken in der Tabelle, wenn der Aspekt in der Gesprächsart möglich ist.
Wenn nicht, male ein Kreuz.

	persönliches Gespräch	**Chat-Gespräch**
Stimme und Betonung	☐	☐
Mimik und Gesten	☐	☐
Wörter und Inhalt	☐	☐

TIPP
Wenn du das Gefühl hast, dass dich die andere Person in einem geschriebenen Chat-Gespräch nicht so gut versteht wie in einem persönlichen Gespräch, dann probiere es mit einer Sprachnachricht. Die meisten Messenger haben diese Funktion. Hier hört die andere Person deine Stimme und wie du die Worte betonst.

1 Eine Vielzahl verschiedener Emojis

3

V6 a) In **Abb. 1** siehst du verschiedene Emojis.
- Welche Emojis sind besonders glücklich oder amüsiert? Kreise sie grün ein.
- Welche Emojis sind traurig? Kreise sie blau ein.
- Welche Emojis sind wütend? Kreise sie rot ein.
- Welche Emojis sind beleidigt oder genervt? Kreise sie schwarz ein.

b) Vergleicht eure Ergebnisse. Diskutiert, wenn sich eure Auswahl unterscheidet.

D4 c) Vergleicht auf dem Arbeitsblatt (→ **D4**), wie ihr verschiedene Emojis wahrnehmt.

4

Merle möchte nicht, dass Tristan ihre Nachricht falsch versteht und traurig wird. Deshalb überlegt sie sich ein paar Versionen der Nachricht. Welche Nachricht passt deiner Meinung nach am besten zur Situation? Kreuze sie an und begründe deine Auswahl.

Hey Tristan, ich finde, dass unsere Pinnwand mittlerweile schon super aussieht 👍 Können wir vielleicht die Schriftart ändern? Mir gefällt Arial als Schriftart besser, weil man sie besser lesen kann 🙂	☐
Findest du die Schriftart auch so blöd wie ich, Younes? 😂 🤢	☐
Hey Tristan, die Schrift sieht doof aus. Ich bin dafür, dass wir eine andere nehmen.	☐
Hallo Leute, ich finde unsere Pinnwand richtig schön 😍 Alles super! 👍 Wenn ich es mir aussuchen könnte, würde ich eine andere Schrift nehmen, die man besser lesen kann. Aber die ist auch okay!! Nicht so wichtig 🤭	☐

5 Schaut euch die goldenen Regeln für gutes Feedback an (→ **Abb. 2**).

a) Legt gemeinsam eine Reihenfolge fest, was für euch am wichtigsten ist. Vergebt dafür die Zahlen 1 bis 8 – Regel 1 ist am wichtigsten, Regel 8 ist weniger wichtig.

b) Vergleicht eure Reihenfolge mit derer anderer Gruppen. Prüft, ob euch die Regeln in gleicher Reihenfolge wichtig sind und welche Gedanken die anderen sich dazu gemacht haben.

A 16

- ☐ Ich weiß genau, was ich kritisieren oder loben möchte.
- ☐ Ich kritisiere objektiv, wertfrei und unvoreingenommen.
- ☐ Mein Feedback ist respektvoll und angemessen.
- ☐ Mein Feedback enthält keine Emotionen.
- ☐ Ich biete Lösungen und Verbesserungsvorschläge an.
- ☐ Ich bin ehrlich, aber nicht verletzend.
- ☐ Ich sage, was mir besonders gut gefallen hat.
- ☐ Ich bin bereit, auf Nachfragen zu antworten.

2 Die goldenen Regeln für gutes Feedback

6 Hier siehst du zwei Anmerkungen, die eine Klassenkameradin von Merle anspricht, nachdem die Gruppe ihre Pinnwand präsentiert hat. Formuliere die Sätze in positives und hilfreiches Feedback um.

a) Ich habe kaum etwas verstanden, weil ihr so leise gesprochen habt.

____

____

____

____

b) Ich finde euer Thema eigentlich langweilig, aber es war spannend, was ihr zum Thema Stierkampf in Spanien gesagt habt und wie man ihn kritisieren kann.

____

____

____

____

7 Setzt nun als ganze Klasse eure eigene Ausstellung um. Zeigt euch gegenseitig eure entstandenen digitalen Pinnwände und gebt euch gegenseitig Feedback.

ZUSAMMENARBEITEN MITHILFE DIGITALER MEDIEN

- egal, wo du dich befindest
- egal, wann du daran arbeitest
- von verschiedenen Geräten aus möglich

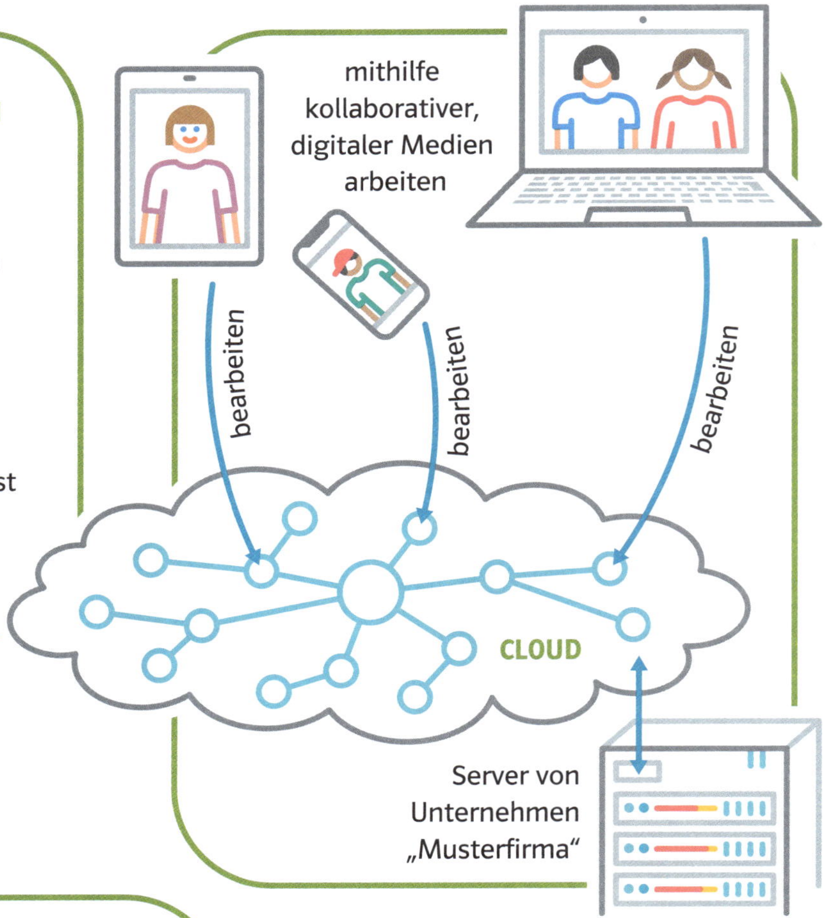

FEEDBACK GEBEN

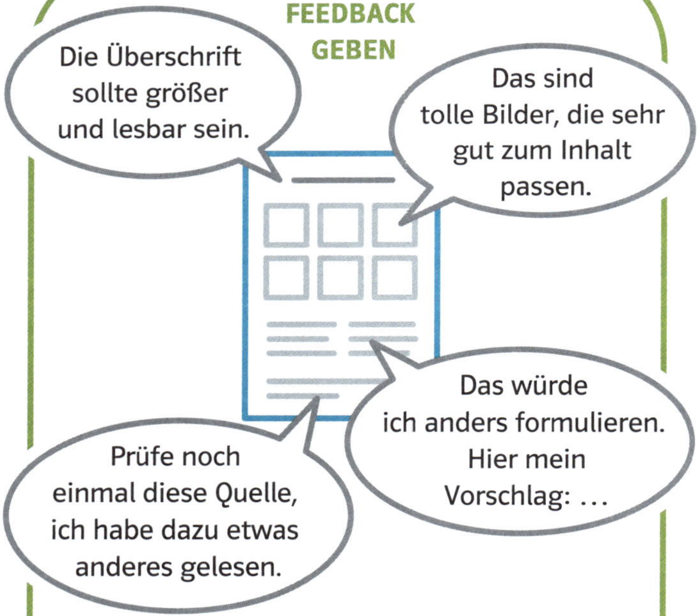

Gutes Feedback geben bedeutet:

- wertschätzend, ehrlich, sachlich, positiv und hilfreich sein
- bei Rückfragen helfen und Lösungsansätze vorschlagen

E-MAIL VERSENDEN

Wortspeicher

- *die Cloud*
- *die E-Mail*
- *das Feedback*
- *das Kollaborieren*
- *das Kooperieren*
- *die Mindmap*
- *der Server*

I 4 Schätze dich ehrlich ein und kreuze an.
Wenn du noch etwas üben möchtest, bearbeite die interaktiven Aufgaben unter **I 4**.

	Selbsteinschätzung		
	🙂	😐	☹️
Ich weiß, was die Begriffe Kollaboration und Kooperation im Zusammenhang mit digitalen Medien bedeuten.	☐	☐	☐
Ich weiß, wie ich eine Mindmap mithilfe eines digitalen Werkzeugs erstellen kann.	☐	☐	☐
Ich weiß, wie ich eine digitale Pinnwand erstellen kann.	☐	☐	☐
Ich weiß, was eine Cloud ist und was sie mit kollaborativen, digitalen Werkzeugen zu tun hat.	☐	☐	☐
Ich kenne die Bestandteile einer E-Mail und kann E-Mails mit Anhängen versenden.	☐	☐	☐
Ich kenne Regeln, an denen ich mich orientieren kann, wenn ich anderen ein Feedback gebe.	☐	☐	☐

Das nehme ich aus dem Kapitel mit:

____

____

____

____

Das möchte ich noch einmal in der Klasse besprechen:

____

____

____

____

5

A 17

Sicherheit bei der Mediennutzung
Merle und Samir bekommen ein Tablet

Endlich ist es so weit, Merle und Samir bekommen von ihrem Papa ein eigenes Tablet geschenkt. Nun gibt es Vieles zu besprechen. Denn Samir und Merle müssen sich gut überlegen, wie sie das Tablet nutzen möchten und wie sie mit persönlichen Informationen umgehen.

Überlege einmal ...

- Was waren deine ersten Erfahrungen mit einem digitalen Gerät, das du allein nutzen durftest?
- Wie viel Zeit verbringst du ungefähr in der Woche mit digitalen Medien?

Ich werde ...

- lernen, ein sicheres Passwort zu erstellen.
- mich mit personenbezogenen Daten und ihrem Schutz auseinandersetzen.
- etwas über Cookies erfahren und wie ich am besten mit ihnen umgehe.
- Kostenfallen in Onlinespielen kennenlernen.
- mir mein eigenes Mediennutzungsverhalten anschauen.

Sich sicher im Internet bewegen

A 18 Ihr Papa hat Merle und Samir erklärt, dass sie achtsam mit dem Tablet umgehen sollen. Genauso wichtig ist, dass sie die Informationen auf ihrem Tablet gut sichern. Dafür haben sie zum Entsperren einen Code eingerichtet, so wie bei Papas Handy auch. Bei einem Laptop oder Computer ist es oft kein Zahlencode, der das Gerät entsperrt, sondern ein Passwort. 12345 ist kein gutes Passwort – aber was ist ein sicheres Passwort?

Ein sicheres Passwort ...
- kannst du dir gut merken.
- können andere nicht gut erraten.
- besteht aus vielen Zeichen.
- besteht aus Groß- und Kleinbuchstaben, Sonderzeichen wie ? und ! und Zahlen.
- darf nichts Persönliches sein wie dein Name oder dein Geburtsdatum.
- solltest du nirgendwo aufschreiben.

1 Tipps für ein sicheres Passwort

TIPP
Es gibt eine Möglichkeit, wie du dir dein Passwort gut merken kannst, ohne dass es jemand anderes leicht errät.
Du kannst dir dafür einen langen Satz überlegen, aus dem du dein Passwort machst. Zum Beispiel so: Ich habe zwei große Brüder und eine kleine Schwester! wird zu Ih2gB&1kS!

1

a) Denkt euch drei verschiedene Passwörter aus, die eigentlich ein langer Satz sind, und schreibt sie auf.
b) Versucht gegenseitig die Sätze hinter den Passwörtern zu erraten. Achtung: Diese Passwörter könnt ihr später nicht verwenden, weil ihr sie aufgeschrieben habt.

Beispiel: W2ss,fsd3.! = Wenn zwei sich streiten, freut sich der Dritte!

____

____

____

____

____

2 Welches dieser Passwörter ist unsicher? Kreuze es an und begründe, warum es kein sicheres Passwort ist.

- ☐ J52Ldw_ff2 ______________________________
- ☐ LotteBüttner2013 ______________________________
- ☐ Klaors23sf=L ______________________________
- ☐ 2953-4gsa23G ______________________________

Daten und Datenschutz

A 19 Ein wichtiges Thema, das Papa mit Merle und Samir bespricht, ist Datenschutz.
Daten sind Informationen, die von Computern gespeichert und verarbeitet werden können.
Es gibt allgemeine Daten wie zum Beispiel die Anzahl von Klicks auf einer Internetseite.
Und es gibt **personenbezogene Daten**, wie zum Beispiel das Alter, den Wohnort und die Augenfarbe eines Menschen. Personenbezogene Daten sind alle Informationen, die direkt mit dir in Verbindung gebracht werden können.

1 Schau dir das Wirrwarr an Buchstaben und Worten an. Findest du die personenbezogenen Daten? Markiere sie farbig.

Wohnort | Geburtstag | Augenfarbe | Größe | Lieblingsessen | Geschwisterzahl | Familienname | Haustier

G	E	S	C	H	W	I	S	T	E	R	Z	A	H	L	S
A	E	W	G	O	F	C	E	R	D	K	D	V	T	X	W
T	P	T	R	E	I	T	S	U	A	H	K	A	Y	D	O
S	O	H	Ö	D	J	S	M	L	P	F	I	S	E	B	H
T	D	Q	ß	R	I	I	A	V	A	X	J	Q	H	B	N
R	L	I	E	B	L	I	N	G	S	E	S	S	E	N	O
U	W	O	J	E	E	B	W	O	V	I	T	V	Y	I	R
B	E	C	C	A	U	G	E	N	F	A	R	B	E	W	T
E	S	K	D	W	N	P	Q	P	U	W	M	C	J	F	P
G	H	F	A	M	I	L	I	E	N	N	A	M	E	G	H

2 Stell dir vor, du arbeitest für ein Unternehmen, das ein Onlinespiel verkauft. Du hast von drei Personen folgende personenbezogenen Daten erfasst. Welche der Personen passt besonders gut zu Onlinespielen und soll deswegen besonders viel Werbung für dein Spiel angezeigt bekommen? Kreuze die Person an und begründe deine Auswahl.

Marie Crabié 27 Jahre alt, nutzt vor allem Onlinezeitschriften, um sich über Politik zu informieren, schaut Videos zu Radrennen und Wanderaktivitäten	☐
Pablo Pérez 19 Jahre alt, ist viel auf Seiten mit Kochrezepten unterwegs, wohnt in einer Großstadt, kauft online Pflanzen und Zubehör zum Gärtnern ein	☐
Lea Charlotte Müller 21 Jahre alt, hat einen Zugang zu einer Online-Spieleplattform, liest online eine Zeitschrift, die Empfehlungen zu neu erschienenen Computerspielen veröffentlicht	☐

ACHTUNG

Wer mehrere personenbezogene Daten über dich kennt, kann sich ein Bild von dir machen. Das interessiert vor allem ***Werbeunternehmen****, die versuchen, ihre Werbung an die Kundinnen und Kunden im Internet anzupassen.*

A 20 **3** Wenn Merle und Samir ihr Tablet benutzen, werden automatisch Daten über sie und ihr Nutzungsverhalten gespeichert. In den Einstellungen des Tablets können sie bestimmen, welche Daten die Apps nicht speichern dürfen. Für das Herunterladen von neuen Apps haben sie deshalb mit ihrem Papa ein paar Regeln festgelegt. Fülle die Lücken im Text.

Alter | deaktiviert | Passwort | notwendig | erwachsenen | aus Versehen

herunterladen | ausprobieren | Sicherheitseinstellungen | Einstufung

Wenn du eine App ______________ möchtest, sprich erst einmal mit einer ______________ Person darüber, ob die App zu deinem ______________ passt. Meistens gibt es beim Herunterladen auch eine ______________ dafür. Du kannst die App zunächst mit der erwachsenen Person ______________, um zu schauen, ob sie zu dir passt. Oft musst du ein ______________ eingeben, damit nicht einfach ______________ etwas heruntergeladen werden kann. Schaue dir zusammen mit der erwachsenen Person die ______________ der App an und ______________ alle Einstellungen, die nicht unbedingt ______________ sind, damit die App funktioniert.

Apps haben manchmal **Zugriff auf andere Apps** und Daten in deinem Gerät. Das ist bei einigen Apps nötig, damit sie funktionieren. Zum Beispiel muss eine Straßenkarten-App auf deinen Standort zugreifen, wenn du sehen willst, wo du bist. Manchmal ist ein Zugriff auf bestimmte Daten nicht nötig. Wenn du in der Straßenkarten-App nur nach einem Land schauen möchtest, muss die App nicht unbedingt wissen, wo du bist.

4 Überlege, welche Daten die unten stehenden Apps erfassen müssen, um zu funktionieren. Markiere grün, was du erlaubst. Markiere rot, was du nicht erlaubst. Diese Einstellungen sind nicht notwendig, damit die Apps funktionieren.

a) Übersetzer-App: „Bitte aktiviere das Mikrofon, um Worte einzusprechen.“

b) Lern-App zum Vokabeltraining: „Die App möchte auf deine Kontakte zugreifen.“

c) Digitales Wörterbuch: „Die App möchte auf deinen Standort zugreifen.“

d) Messenger-App: „Erlaube den Zugriff der App auf deine Fotogalerie, um Fotos an andere zu verschicken.“

Cookies

V7 1 Samir nutzt das Tablet oft für die Schule. Er recherchiert und besucht verschiedene Internetseiten. Häufig ploppt auf den Seiten ein kleines Fenster auf und er soll „Cookies“ zustimmen. Aber was bedeutet das? Hilf Samir, sich mit dem Thema Cookies auseinanderzusetzen, indem du den Lückentext löst.

erfährt | angeklickt | Kekse | Werbung | Unternehmen | funktioniert | abgelehnt | speichern | aussuchen | gefällt

Cookies (englisch für: __________) sind kleine Textdateien, die von Internetseiten erstellt werden, sobald du sie besuchst. Sie __________, was du auf der Seite gesucht hast, wie lange du auf der Seite warst und was du auf der Seite __________ hast. Diese Informationen werden gespeichert, weil das __________ hinter der Internetseite auf diese Weise viel über die Menschen __________, die die Seite nutzen. Dann können sie ihre Internetseite so bauen, dass sie den Menschen besonders gut __________. Sie können aber zum Beispiel auch die Werbung auf der Seite danach __________, wer sie benutzt. Manche Cookies sind wichtig, damit die Internetseite __________. Andere sind nicht wichtig und nur für Unternehmen interessant, die __________ machen. Diese Werbe-Cookies können ruhig __________ werden.

2 Cookie-Banner wie in **Abb. 1** können dir auf Internetseiten begegnen. Überlege, was du anklicken musst, um so wenige Cookies wie möglich zuzulassen oder persönliche Einstellungen vorzunehmen. Kreise jeweils das Feld ein, das du anklicken solltest.

1 Beispiele für Cookie-Banner

Digitale Spiele und Kostenfallen

Merle und Samir möchten unbedingt Spiele auf ihr neues Tablet laden. Sie sollen sich für zwei Spiele entscheiden, sagt ihr Papa. Nun müssen sie sich erkundigen. Welche Spiele lohnen sich? Und was für Spiele gibt es überhaupt? Müssen sie etwas beachten?

1 Ordne die verschiedenen Spielgenres der richtigen Stelle im Text zu und hilf Merle und Samir dabei, sich für zwei Lieblingsgenres zu entscheiden.

Lernspielen | Jump-'n'-Run-Spielen | Quiz- und Denkspielen | Strategiespielen | Kreativspielen | Abenteuerspiele | Rollenspiele | Sportspielen

In ______________________ baust du Städte, Siedlungen und Gesellschaften.

Das Genre der ______________________ nimmt dich mit auf eine Reise voller Überraschungen und spannender Aufgaben. Spielspaß und Lernen werden verbunden, wenn du in ______________________ schwierige Rätsel löst und dabei Verschiedenes übst.

Deiner Fantasie sind keine Grenzen gesetzt, denn in ______________________ malst und gestaltest du frei nach deinen Vorstellungen. Du springst über Steine, duckst dich unter Ästen und sammelst Punkte in ______________________.

Mit ______________________ brauchst du das Sofa nicht zu verlassen und kannst trotzdem in deinem Lieblingssport gewinnen. ______________________ nehmen dich mit in eine andere Welt, in der du sein kannst, wer du willst: ob Elfe, Zauberer oder Kriegerin. Teste dein Wissen in ______________________.

Samir entscheidet sich für ein Abenteuerspiel, das er mit 4,99 € von seinem Taschengeld bezahlt.
Merle möchte ein Tischtennisspiel haben, das in der Basisversion nichts kostet und sie so problemlos ausprobieren kann.

1 Spielszene eines Jump-'n'-Run-Spiels

V8

Free-to-Play-Games sind in der Basisversion kostenlos und können gespielt werden, ohne dass du dafür Geld ausgeben musst. Spielefirmen verdienen trotzdem indirekt, indem sie dir **Werbung** zeigen oder während des Spiels anbieten, Dinge oder **Erweiterungen mit echtem Geld zu kaufen**.
Manchmal wirst du bei Spielbeginn gebeten, **persönliche Daten** wie Name und dein Alter anzugeben. Dann „bezahlst" du mit deinen personenbezogenen Daten.

2 Versteckte Kosten bei Free-to-Play-Games

2 Ordne die Posten ihren Beschreibungen zu, indem du Linien ziehst. Hilf Merle, einen Überblick über mögliche Kostenfallen in Spielen zu gewinnen.

- In-Game-Items
- Aufheben von Einschränkungen
- Schatzkisten
- In-Game-Währung
- Abonnements

- In vielen Spielen kaufst du Inhalte mit speziellem Spielgeld, das schnell aufgebraucht ist und nur mühsam erarbeitet werden kann. Neues Spielgeld kannst du dir oft mit echtem Geld kaufen.
- Manche Spiele lädst du kostenlos herunter und hast dann die Möglichkeit, monatlich dafür zu bezahlen, damit sie ohne Einschränkungen gespielt werden können.
- Du kannst in vielen Spielen für ein Überraschungspaket bezahlen, das dir höhere Level, Geld, eine bessere Ausrüstung oder zusätzliche Fähigkeiten schenkt.
- Manchmal kannst du das Spiel nur mit eingeschränkten Fähigkeiten spielen. Durch Bezahlen kommst du schneller voran, musst keine Pausen abwarten und kannst deine Fähigkeiten voll nutzen.
- In der Basisversion des Spiels steht dir keine besondere Ausrüstung zur Verfügung. Gute Hilfsmittel, Werkzeuge oder Waffen musst du extra kaufen.

A 21

Jedes Spiel hat eine Alterskennzeichnung (→ **Abb. 2**). Sie zeigt, ab welchem Alter das Spiel freigegeben ist. Wenn ein Spiel ab 12 freigegeben ist, heißt das, dass Menschen das Spiel geprüft haben und es erst ab 12 Jahren gespielt werden sollte. Es enthält für dieses Alter keine gefährlichen Inhalte und ist gut zu verstehen.

2 Verschiedene Alterskennzeichnungen

Samirs Abenteuerspiel wird immer düsterer und die Gegner, denen er auf der Suche nach dem Schatz begegnet, immer gruseliger. Hat er sich das richtige Spiel ausgesucht?

3 Zeige Samir, was er in Zukunft beim Kauf digitaler Spiele beachten kann, damit ihm so etwas nicht noch einmal passiert, und wähle jeweils das richtige Satzende aus.

Spiele, die für ältere Menschen gemacht sind, können Kindern …	☐ a) Angst machen. ☐ b) besonders viel Spaß machen.
Alterskennzeichnungen beschützen dich zum Beispiel vor …	☐ a) Gewaltdarstellungen. ☐ b) Kopfschmerzen.
Wenn Expertinnen und Experten entschieden haben, dass das Spiel dich nicht gefährden wird, kann es trotzdem sein, dass dir das Spiel …	☐ a) nicht gefällt oder es zu schwierig für dich ist. ☐ b) gefällt.
Bevor du ein Spiel herunterlädst, besprich es in jedem Fall mit …	☐ a) einer Freundin oder einem Freund. ☐ b) einer erwachsenen Person.

Mediennutzungsverhalten

A 22 Merle und Samir spielen mittlerweile gemeinsam Samirs Abenteuerspiel. Zu zweit ist es weniger gruselig. Irgendwann gibt es Streit mit Papa, weil die beiden das Tablet nicht mehr aus der Hand legen wollen. Was ist da passiert?

1 Sprecht darüber, wie ihr Geräte wie Smartphones, Tablets, Laptops oder Spielekonsolen in eurem Alltag nutzt. Kennt ihr eine ähnliche Situation wie den Streit zwischen Merle, Samir und ihrem Papa? Habt ihr bestimmte Zeiten, zu denen ihr ein Gerät nutzen könnt? Gibt es manchmal Ärger? Beschreibt eure Erfahrungen.

2 Was können Signale dafür sein, dass du zu viel Zeit damit verbringst, ein Computerspiel zu spielen? Kreuze die Merkmale an.

Du verlierst die Kontrolle über deine Spielzeiten, vergisst die Zeit und verpasst sogar das Abendessen.	☐
Du nutzt deine festgelegten Zeiten, um das Spiel zu spielen und legst das Gerät weg, wenn die Zeit um ist.	☐
Das Spiel findest du wichtiger als alles andere. Treffen mit Freundinnen und Freunden werden unwichtig.	☐
Du kannst nicht mit dem Spielen aufhören, obwohl das negative Konsequenzen wie zum Beispiel Müdigkeit hat.	☐
Du spielst regelmäßig, aber manchmal wird dir beim Spielen auch langweilig, dann hörst du auf und machst etwas anderes.	☐
Du spielst gerne, aber draußen mit Freundinnen und Freunden zu spielen, macht dir mehr Spaß.	☐

D5 **3** Führe für eine Woche ein Medientagebuch (→ **D 5**). Schreibe an jedem Tag auf, wie viel Zeit du mit einem bestimmten Gerät verbracht hast. Zeichne am Abend einen Emoji unter den Tag, der zeigt, wie es dir nach dem Tag geht. In **Abb. 1** siehst du ein Beispiel.

	Mo	Di	Mi	Do	Fr	Sa	So
	30 Min.	10 Min.	\	10 Min.	15 Min.	20 Min.	15 Min.
	\	30 Min.	40 Min.	\	\	\	\
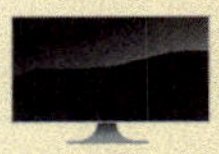	30 Min.	30 Min.	\	\	40 Min.	90 Min.	90 Min.
			60 Min.	\	30 Min.	\	\
	\	\	\	40 Min.	\	60 Min.	\
...							
Wie geht es dir?	🙂	🙂	😐	🙂	😐	☹️	🙂

1 Beispiel für ein Medientagebuch

4 Sprecht über eure Medientagebücher und überlegt gemeinsam, ob ihr etwas an eurem Verhalten anpassen möchtet und falls ja, was ihr anpassen möchtet. Schreibt euch mindestens zwei Vorsätze auf.

A 23

- Tausche dich mit anderen über dein Verhalten aus und lass dir erzählen, wie sie mit digitalen Medien umgehen.
- Lege Orte und Zeiten fest, in denen du gar keine digitalen Medien benutzt.
- Vereinbare mit einer erwachsenen Person, wie viel Zeit du in der Woche mit digitalen Medien verbringen kannst und verwalte diese Zeit selbst.
- Lösche zeitfressende Spiele und Apps, die du nicht unbedingt brauchst.
- Plane deinen Tag mit Dingen, die dir Spaß machen.

2 Tipps zur Verbesserung deines Mediennutzungsverhaltens

SICHERES PASSWORT

- gut merkbar
- schwer für andere zu erraten
- viele Stellen
- Groß-/Kleinschreibung
- nicht persönlich

Eins zwei drei
flieg los Gemüsebrei!
Hex hex ***!

123flG!Hh***!

COOKIES

Nicht funktionale Cookies ablehnen

funktionale Cookies erlauben

KOSTENFALLEN

PERSONENBEZOGENE DATEN

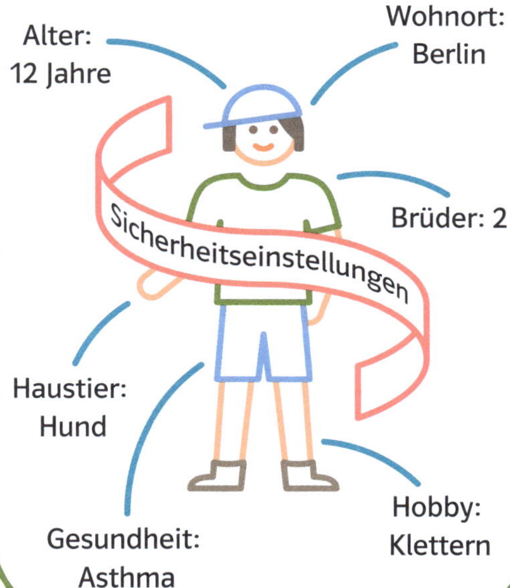

GESUNDES MEDIENNUTZUNGSVERHALTEN

- sich austauschen
- medienfreie Orte und Zeiten festlegen
- feste Medienzeiten
- zeitfressende Apps löschen
- den Tag planen

Wortspeicher
- *die Alterskennzeichnung*
- *die App*
- *der Cookie*
- *die personenbezogenen Daten*
- *das Free-to-Play-Game*
- *die Kostenfalle*
- *das Mediennutzungsverhalten*
- *der Mediennutzungsvertrag*
- *das Passwort*

I5 Schätze dich ehrlich ein und kreuze an.
Wenn du noch etwas üben möchtest, bearbeite die interaktiven Aufgaben unter **I5**.

	Selbsteinschätzung ☺	😐	☹
Ich kann ein sicheres Passwort erstellen.	☐	☐	☐
Ich weiß, was personenbezogene Daten sind, und kenne Möglichkeiten, sie zu schützen.	☐	☐	☐
Ich weiß, worauf ich achten muss, wenn ich eine neue App herunterladen möchte.	☐	☐	☐
Ich weiß, was Cookies sind und wofür sie eingesetzt werden.	☐	☐	☐
Ich weiß, welche Einstellungen ich bei Cookie-Meldungen machen sollte.	☐	☐	☐
Ich weiß, wie Spieleunternehmen auch mit kostenlosen Spielen Geld verdienen und kenne verschiedene Kostenfallen, die mir in Spielen begegnen können.	☐	☐	☐
Ich verstehe Alterskennzeichnungen bei Spielen und weiß, was sie bedeuten.	☐	☐	☐
Ich weiß, wie ich mein Mediennutzungsverhalten anpassen kann, um gesund zu leben.	☐	☐	☐

Das nehme ich aus dem Kapitel mit:

____

____

____

____

Das möchte ich noch einmal in der Klasse besprechen:

____

____

____

____

6

A 24

Messenger und soziale Netzwerke

Samir chattet

Samir hat das alte Smartphone von Papa bekommen. Er hat sich eine Messenger-App installiert und chattet nun mit seinen Freunden und im Klassenchat.

Überlege einmal ...

- Wie unterhältst du dich mit deinen Freundinnen und Freunden?
- Was findest du an Videoplattformen und sozialen Netzwerken besonders toll?

Ich werde ...

- lernen, was Messenger sind, was ich damit machen kann und wie ich mich im Chat richtig verhalte.
- erfahren, was soziale Netzwerke sind.
- lernen, wie ich mit Beleidigungen im Internet und in Chats umgehen kann.

Messenger und Klassenchats

Ein **Messenger** ist eine App auf digitalen Geräten, die du nutzen kannst, um mit anderen Menschen zu schreiben oder Sprachnachrichten und Bilder zu verschicken. Du kannst in einem sogenannten **Chat** Nachrichten versenden oder erhalten – dies nennt man daher auch chatten.

1

a) Welchen Messenger nutzt du? Von welchen anderen Messengern hast du schon einmal gehört? Notiere sie hier.

____

b) Wenn du einen Messenger verwendest, kreuze an, wofür du ihn benutzt.

Ich schreibe mit meinen Eltern, z. B. wenn ich zu Hause angekommen bin.	☐
Ich schreibe mit Freundinnen und Freunden und schicke auch mal ein lustiges Foto.	☐
Ich bin in einem Klassenchat, in dem wir uns über Sachen wie Hausaufgaben austauschen.	☐
Ich benutze ihn für etwas anderes, nämlich: ______________________	☐

2

a) Mit Messengern kannst du noch viel mehr machen, als nur Text hin- und herschicken. Finde neun Begriffe, die mit Messengern zu tun haben, im Buchstabengitter.

S	P	R	A	C	H	N	A	C	H	R	I	C	H	T	E	N	W
J	E	S	G	T	P	V	Y	H	D	T	V	A	E	Q	L	I	R
S	V	I	D	E	O	S	U	G	J	M	E	M	E	S	R	M	E
W	F	J	U	R	S	V	K	I	A	C	Z	T	H	Y	W	Q	D
M	W	O	P	T	E	L	E	F	O	N	I	E	R	E	N	B	L
D	I	M	R	Q	C	M	T	S	P	H	C	R	C	T	O	X	I
B	T	E	X	T	N	A	C	H	R	I	C	H	T	E	N	S	B
V	I	D	E	O	T	E	L	E	F	O	N	I	E	Y	N	K	N

b) Recherchiere im Internet die Begriffe GIF und Meme und erkläre sie.

GIF:

____

____

Meme:

____

____

c) Nenne, welche Funktion von Messengern du gerne benutzt und begründe, warum du diese benutzt. Wenn du keinen Messenger benutzt: Nenne, was du gerne einmal ausprobieren würdest und begründe, warum.

- Hier wird nur geteilt, was für die ganze Klasse wichtig ist. Es gibt keine Privatgespräche.
- Hier werden keine Kettenbriefe oder unangemessene Inhalte geteilt.
- Hier werden nur dann Bilder und Videos verschickt, wenn alle abgebildeten Personen es erlaubt haben.
- Hier wird eine erwachsene Person festgelegt, die bei Problemen helfen kann.
- Hier gehen wir respektvoll miteinander um. Niemand wird ausgeschlossen oder beleidigt.

1 Regeln für den Klassenchat von Samirs Klasse

3 Hier siehst du Nachrichten aus dem Klassenchat von Samirs Klasse. Markiere Nachrichten, die im Klassenchat geteilt werden können grün, und Nachrichten, die dort nicht hingehören, rot. Nimm **Abb. 1** zu Hilfe.

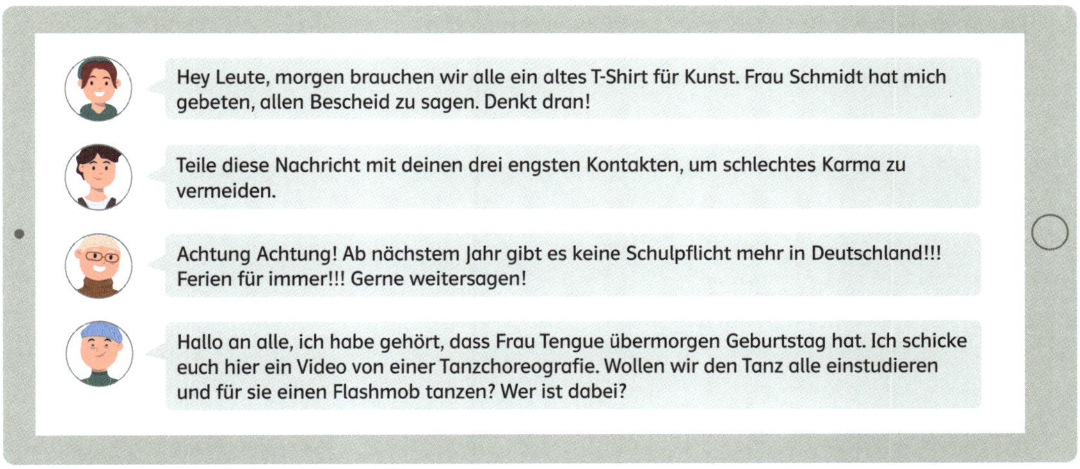

4 Beschreibt, was ihr tun könnt, wenn eine Regel für den Klassenchat gebrochen wird.

Was sind soziale Netzwerke?

Samirs Freund Emil ist schon 13 Jahre alt und hat ein Profil bei einem sozialen Netzwerk. Samir und er schauen dort manchmal gemeinsam Videos und kurze, lustige Clips an. Aber was ist ein soziales Netzwerk überhaupt genau?

A 25 **1** Fülle den Lückentext aus, um zu erfahren, was ein soziales Netzwerk ist und wie es funktioniert.

Aktivität | kommentieren | miteinander schreiben | Plattform im Internet | Funktionen | abonnieren | in Kontakt treten | hochlädst | anmelden | verbunden | liken

Ein soziales Netzwerk ist eine ____________________, wo Menschen sich miteinander austauschen, Fotos und Videos hochladen oder ____________________. Um Teil des Netzwerks zu werden, musst du dich erst einmal ____________________ und dir ein Profil erstellen. Andere Menschen haben auch ein Profil. Wenn du dich mit anderen Menschen verbinden möchtest und über ihre ____________________ auf dem Laufen gehalten werden möchtest, musst du ihr Profil oft ____________________ oder ihnen folgen. Wenn du auf einem sozialen Netzwerk ein Foto oder Video postest (____________________), haben alle Menschen, mit denen du ____________________ bist, die Möglichkeit, das Foto oder Video anzuschauen und es zu ____________________ und zu ____________________.

Soziale Netzwerke sind dafür gemacht, dass Menschen miteinander ____________________ können. Sie haben aber noch viele andere ____________________.

1 Häufig vorkommende Symbole in sozialen Netzwerken

2 Vermutet, was die Symbole aus **Abb. 1** in sozialen Netzwerken bedeuten.

____

____

____

____

3 Nennt soziale Netzwerke, die ihr kennt.

____

____

____

4 Die meisten sozialen Netzwerke haben eine Altersbeschränkung. Wie findet ihr das? Vermutet, warum es diese Beschränkung gibt, und notiert zwei mögliche Gründe.

A 26

5 Achtung! Manchmal sind Profile in sozialen Netzwerken gefälscht und es steckt gar nicht die Person dahinter, für die sich jemand ausgibt. Kreuze an, worauf du bei Profilen von anderen achten solltest.

Abonniere nur die Profile, bei denen du dir sicher bist, dass du die Person dahinter persönlich kennst und lass auch nur bei diesen Menschen zu, dass sie deinem Profil folgen.	☐
Antworte nicht auf Nachrichten von Profilen, die du nicht kennst. Du kannst in solchen Fällen nicht sicher sein, mit wem genau du schreibst.	☐
Verschicke erst Fotos von dir an Personen, mit denen du schon länger als eine Woche schreibst.	☐
Melde Profile von Personen, deren Verhalten dir unangenehm ist. Dafür gibt es bei jedem sozialen Netzwerk einen Button, über den du das Hilfezentrum erreichst.	☐
Vertraue nur den Menschen, deren Profile viele Fotos haben. Gefälschte Accounts haben meistens nur wenige Fotos.	☐
Erzähle einer erwachsenen Person davon, wenn dich eine unbekannte Person bittet, Fotos oder Informationen über dich mit ihr zu teilen.	☐

6 Eine Mutter möchte ihrer 13-jährigen Tochter verbieten, Mitglied in einem sozialen Netzwerk zu werden. Entwickelt einen Dialog, in dem beide Seiten ihren Standpunkt deutlich machen.

Videoplattformen aufmerksam nutzen

Samir und Emil sind auch oft zusammen auf einer Videoplattform unterwegs und schauen sich Videos an. Die meisten Videos sind sehr lustig, aber manchmal starten auch welche, die Samir und Emil komisch finden. Samirs Papa hat ihm erklärt, worauf er achten soll.

1

a) Recherchiere die Begriffe und schreibe zu jedem der Begriffe eine kurze Erklärung auf ein separates Blatt oder in ein Textdokument.

Werbung | Hasskommentare | Tutorials | Wissensvideos | Let's Plays | Schönheitsideale | Gewaltdarstellungen | Erklärvideos | Fake News | Comedy

b) Besprecht eure Ergebnisse in der Klasse.

A 27 c) Was ist an Videoplattformen eher positiv und was eher negativ? Ordne die Begriffe aus a) in die Tabelle ein.

eher positiv:	**eher negativ:**
So kannst du Videoplattformen zur Unterhaltung und Information nutzen.	Darauf solltest du besonders achten und mit Erwachsenen darüber sprechen.

ACHTUNG

*Manchmal ist es schwierig, mit dem Videoschauen aufzuhören. Das liegt daran, dass die Unternehmen, die die Videoplattform betreiben, wollen, dass du viele Videos schaust und viel **Zeit** auf der Plattform verbringst. Denn so verdienen sie **Geld**. Deswegen werden dir z. B. oft absichtlich Videos vorgeschlagen, die du vielleicht interessant findest, damit du sie anklickst. Auch geht manchmal einfach das nächste Video los, wenn das alte zu Ende ist – ohne dass du dir das Video ausgesucht hast. Diese Funktion heißt „**Autoplay**".*

2

a) Welche Videos schaust du dir gerne an und warum?

____

____

b) Diskutiert eure Antworten.

Verhaltensregeln im Internet

1 Merle schickt Samir einen Artikel über die Youtuberin *GrünerDaumenMia*, in dem steht, dass *GrünerDaumenMia* Tiere mit giftigen Chemikalien im Garten krank gemacht hat. Markiere im Text grün, was Samir richtig macht und rot, was er besser nicht hätte tun sollen.

Samir schickt den Artikel sofort an Jasna weiter. Sie folgt *GrünerDaumenMia* auch und sollte unbedingt Bescheid wissen. Samir kommentiert ein Bild von Mia und schreibt, dass er enttäuscht ist. Er möchte mehr über den Vorfall herausfinden und recherchiert im Internet. Auf keiner Seite wird bestätigt, was in dem Artikel steht. Samir schreibt Jasna sofort, dass er sich geirrt hat und der Artikel falsch ist. Er löscht seinen Kommentar unter Mias Bild. Er nimmt sich vor, immer erst selbst nachzuforschen, bevor er eine Nachricht wie diese weiterverbreitet.

Samir liest sich manchmal die Kommentare unter Videos durch. In einem Kommentar wird *GrünerDaumenMia* beleidigt. *Suki2008* antwortet auf den Kommentar, um Mia zu verteidigen, und bekommt auch eine böse und beleidigende Antwort.

2 Welches Verhalten wäre in dieser Situation angemessen? Kreuze an, was richtig und falsch ist.

Verhalten	richtig	falsch
Suki2008 sollte die Person zurück beleidigen.	☐	☐
Suki2008 sollte die Person blockieren und melden.	☐	☐
Wenn Suki2008 sich entscheidet, zu antworten, sollte sie sich respektvoll verhalten und klarstellen, dass sie sich falsch behandelt fühlt.	☐	☐
Suki2008 sollte niemandem davon erzählen, schließlich hat sie die Person durch ihren Kommentar unter Mias Post herausgefordert.	☐	☐

Wer im Internet mit anderen chattet oder Kommentare schreibt, sollte die „**Netiquette**" beachten. Das Wort enthält die Begriffe „Netz" und „Etiquette" und meint **Verhaltensregeln** für die Kommunikation im Internet. Oberstes Gebot ist hier, dass alle Menschen im Internet respektvoll und achtsam miteinander umgehen sollen, auch, wenn sie sich nicht kennen oder anonym schreiben.

1 Regeln im Internet

Pia aus Samirs Klasse hat sich vor Kurzem an ihrer Schokomilch verschluckt. Weil sie in der ersten Reihe saß, hat das T-Shirt von ihrem Englischlehrer etwas abbekommen. Pia hat sich dafür sehr geschämt. Seit diesem Vorfall wird sie von ein paar Kindern immer wieder damit aufgezogen.

2 Pia wird von den anderen aufgezogen.

3 Ragna teilt plötzlich ein Foto von Pia im Klassenchat. Jemand hat Pias Profilbild bearbeitet und ihr weißes T-Shirt mit braunen Flecken bemalt. Darunter schreibt Ragna, Pia hätte sich mal wieder bekleckert. Viele Mitschülerinnen und Mitschüler antworten mit lachenden Emojis und blöden Kommentaren. Wie könnte Samir auf das Foto reagieren, um Pia zu helfen? Suche die beste Antwort aus den Vorschlägen (→ **Abb. 3**) aus und kreise sie ein.

Schaut mal, wie peinlich Ole auf dem Bild aussieht. Viel witziger als Pia!

Pia, ärgere dich nicht über das Bild. Jedem kann sowas mal passieren und wir wissen alle, dass das Foto nicht echt ist. Bald haben wir alle vergessen, was passiert ist.

Ragna, bitte lösch das Foto. Es ist nicht echt und es ist auch nicht okay und fair Pia gegenüber, sowas zu schicken.

Leute, ihr seid so dumm, euch über das Bild lustig zu machen. Es nicht mal echt. Peinlich.

O Gott, genauso sah es aus, als Pia Herrn Novak angespuckt hat. Überall Schokomilch, haha 😣

3 Wie soll Samir im Klassenchat reagieren?

Mobbing ist, wenn eine Person von anderen schikaniert, gequält oder durch Worte und Taten verletzt wird. Mobbing kann ganz verschieden aussehen. Jemand wird von anderen aus einer Gruppe ausgeschlossen, beleidigt oder sogar körperlich verletzt. Auch im Internet gibt es Mobbing. Hier können seelische Verletzungen durch beleidigende Kommentare, hasserfüllte Nachrichten oder das Verbreiten von unangenehmen oder manipulierten Fotos schlimme Folgen haben. Wenn Mobbing über das Internet stattfindet, z. B. über Messenger, wird von **Cybermobbing** gesprochen.

4 Was ist Mobbing?

A 28

TIPP

Das kannst du tun, wenn du mitbekommst, dass jemand im Klassenchat ungerecht behandelt wird:

a) Sprich die betroffene Person an und biete deine Hilfe an.
b) Konfrontiere die Person, die das geschrieben hat, damit, dass das Handeln falsch ist.
c) Dokumentiere den Angriff, z. B., indem du einen Screenshot vom Chat machst.
d) Erzähle einer erwachsenen Person von dem Vorfall.

VERHALTEN IM KLASSENCHAT

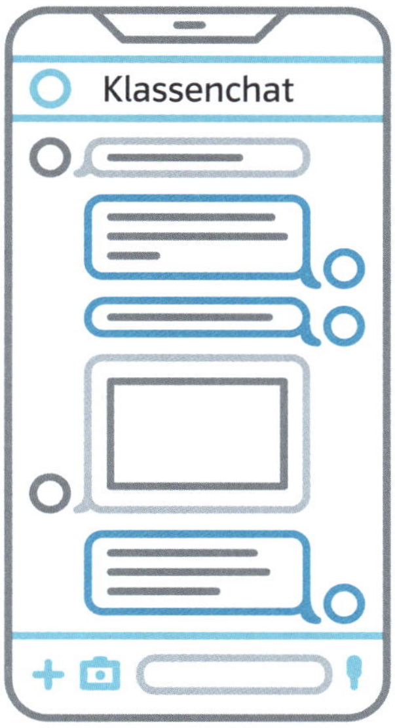

- keine Privatgespräche
- keine Kettenbriefe
- Bilder und Videos nur mit Zustimmung der abgebildeten Person teilen
- eine erwachsene Person für Hilfe dazu holen
- respektvoller Umgang

ALTERSBESCHRÄNKUNG BEI SOZIALEN NETZWERKEN

PROFILE IN SOZIALEN NETZWERKEN

Es kann sich auch jemand anderes hinter einem Profil verbergen, als du denkst!

- Antworte nur, wenn du die Person kennst.
- Verschicke keine privaten Informationen.
- Melde unangemessenes Verhalten.
- Sprich mit einer erwachsenen Person über deine Erfahrungen.

VIDEOPLATTFORMEN

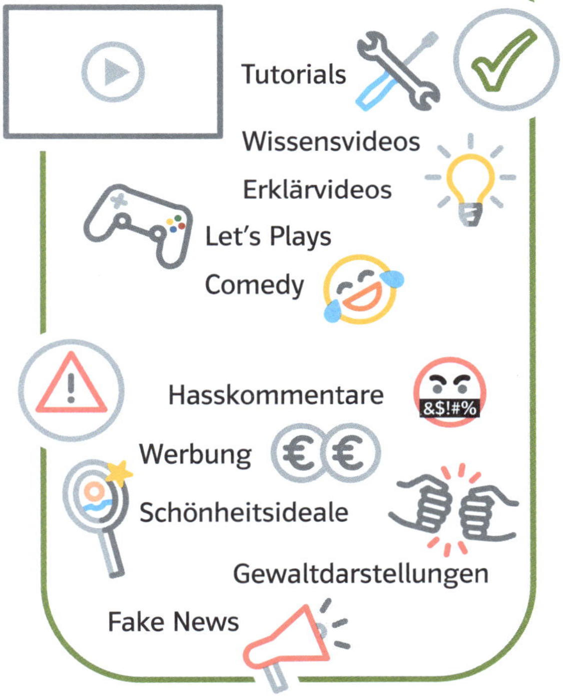

Tutorials
Wissensvideos
Erklärvideos
Let's Plays
Comedy

Hasskommentare
Werbung
Schönheitsideale
Gewaltdarstellungen
Fake News

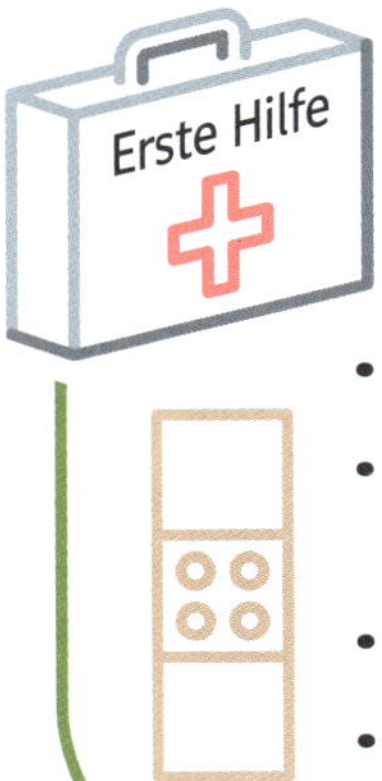

ERSTE HILFE BEI CYBERMOBBING

- nicht zurück beleidigen
- Screenshots machen und Beweise sammeln
- Fehlverhalten bei Betreiber melden
- mit anderen darüber reden und Hilfe holen

Wortspeicher

- *die Altersbeschränkung*
- *der Chat*
- *das Cybermobbing*
- *die Fake News*
- *das GIF*
- *das Meme*
- *der Messenger*
- *das soziale Netzwerk*
- *die Videoplattform*
- *die Youtuberin/der Youtuber*

16 Schätze dich ehrlich ein und kreuze an.
Wenn du noch etwas üben möchtest, bearbeite die interaktiven Aufgaben unter **I 6**.

	Selbsteinschätzung		
	☺	😐	☹
Ich weiß, was ein Messenger ist und was ich damit machen kann.	☐	☐	☐
Ich kenne Regeln für einen Klassenchat.	☐	☐	☐
Ich weiß, was ein soziales Netzwerk ist und wie ich mich dort verhalte.	☐	☐	☐
Ich weiß, worauf ich bei Videoplattformen achten sollte.	☐	☐	☐
Ich weiß, wie ich mit Beleidigungen im Internet umgehen kann.	☐	☐	☐

Das nehme ich aus dem Kapitel mit:

____

____

____

____

Das möchte ich noch einmal in der Klasse besprechen:

____

____

____

____